# 小宅餐桌

## 一個人開伙也幸福

圖文/許蓁蓁

自序

# 幸福，
# 就是一個人開伙也樂意

我竟然在這麼有限的時間內，完成我人生的第二本書《小宅餐桌：一個人開伙也幸福》，真是謝天謝地。

這本書嚴格說起來，應該不算食譜，而是一本美食記錄書，沒有華麗的食材、複雜的製作，文字裡更沒有專業的食物評論。我記得，準備這本書的過程中，曾經有朋友問過我：「這本書到底跟別人有什麼不同的地方？最大的賣點在哪裡？」這問題其實沒有答案……。

提起筆桿，不是為了誰或市場需要，而是為了自己，因為我是一個記性非常糟糕的人，這個問題也讓我常常很是氣惱，所以透過每一道菜色或食材，把我的人生感受與經驗真實地記錄下來，同時喚醒沉睡已久的記憶、去過的所有地方、發生過的美好時光，任何一點小事，我都不想忘記。

所謂幸福的餐桌，不就是一個人開伙也樂意，為一群人團聚而忙碌更歡喜。

《小宅餐桌》的出版，依然要感謝非常多人，謝謝我的媽媽、大廚好友偉恩，以及在書市每況愈下的市場中，依然堅持著讓人觸摸到紙本溫度的博思智庫出版社所有同仁！沒有這些人，就沒有今天你手上的這本書，我雖然出道了 12 年，做了很多螢幕前光鮮亮麗的工作，但所有的經歷中最讓我感到驕傲的就是，我是一個作家！

邀請你和我一起點綴餐桌，享受一個人開伙的美味與樂趣吧！

# CONTENTS

## Part 2 小宅的野餐 （單人遠足料理）遊

# CONTENTS

## Part 3 小宅食補（單人養生料理）膳

PART 1
{小宅的一天}
單人三餐料理

# breakfast
早餐

微笑，開啟一日之計

Breakfast Bacon Baked Eggy
# 早餐培根馬克蛋

「培根吐司加蛋加起司，奶茶不要冰。」從有記憶以來，我的一天從巷口的美而美開始。

嚴格說來，這家店沒什麼特別，稱不上乾淨衛生，偶爾甚至覺得膩，但即使如此，附近陸續開了許多的新店，卻也從來沒有讓我產生「啊！今天就換一家吃吃看吧」的念頭。

不知道這家店是施了什麼法術，讓我無法戒斷。

國中的時候，我常常睡過頭，上學來不及還是堅持要吃。而老爸總是說：「想吃什麼？我去買。」然後默背著一長串餐點，深怕走到店裡就忘記。看著爸爸認真的模樣，心裡覺得暖暖的又好可愛，「暖男」就是這樣子的。

畢業之後，暫時不再吃培根蛋土司了。我的培根蛋人生，最後停留在爸爸買早餐的那個背影。

後來，我隻身前往日本唸書，必須自己料理早餐，採買食材看到培根，都會想起那段國中的早餐記憶。

真懷念，今天就來吃培根蛋吧！

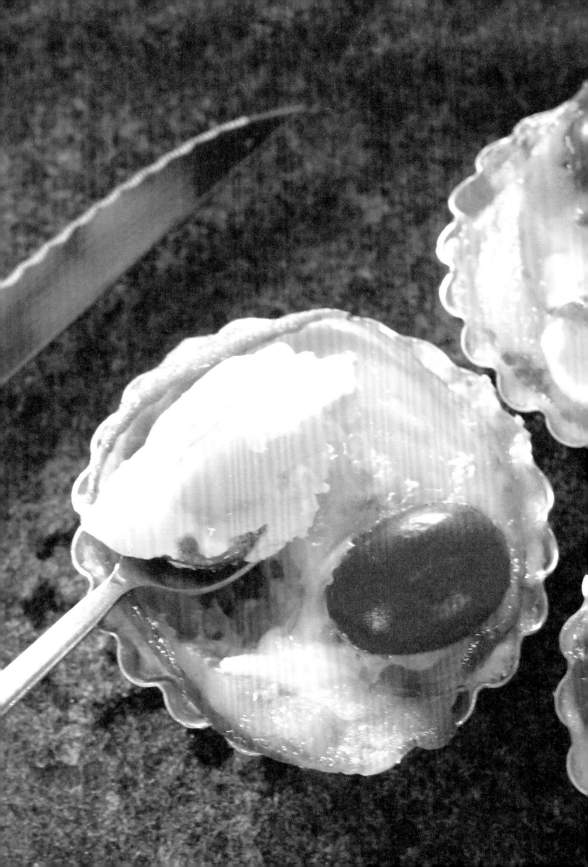

## ▯ 食材 / 一人份

蛋⋯⋯3 顆
培根⋯⋯3 片
起司⋯⋯些許
番茄⋯⋯1 顆（切丁）
彩椒⋯⋯1 顆（切丁）
香腸⋯⋯1 條（切丁）
馬芬蛋糕烤盤

## ▯ 作法 /

**1.** 先預熱烤箱至 180 度，把 2 顆蛋、起司均勻打散在碗裡，備用。

**2.** 把培根放入烤盤內，先倒入打散的起司蛋液。

**3.** 接著放入配料（番茄、彩椒、香腸），配料及順序可依自由喜好搭配。

**4.** 再打入 1 顆蛋，用烤箱烤 15-20 分鐘，直到蛋液達個人喜愛的熟度。

**5.** 最後以湯匙取出即可。

## Benedict Egg In the Cloud
# 雲朵班乃迪克蛋

我非常喜歡看著天空，總是可以忘神的看好久好久。只要看著天上雲朵，我就能得到一抹療癒、柔和的幸福微笑。

大自然是最無私、最公平的。

不論何時抬頭看，天空都不會讓你失望，總是能回應最寬闊的景致，提醒著，天有多高、世界有多廣、自己有多渺小。

這也是我最喜歡的畫畫題材！

我常常把無盡的藍天，畫進畫布中，讓自己能夠擁有隨時看著的晴空，心情也寬闊些。

當我喜歡某件事，就會立刻動身去做，去日本也是一樣，我只花了不到一個月就出發；想去紐約遊學也在 2 週內決定，出書更是立刻著手準備。

說來衝動，但我其實是個很有行動力的人，喜歡的東西就去爭取、去擁有。

聽來簡單，做起來就是件不簡單的事。

人們總是有千萬個理由，不去爭取自己想要的，可是只要有一個堅強的理由，就沒有什麼做不到。

今天，我把天上柔軟的雲，放到餐桌上。

提醒自己，別在回頭看人生的時候，後悔當初沒做過什麼，就算搞砸了，明天天空依舊會為你而美麗、世界依然轉動著，就去做吧！

## ¤ 食材 / 一人份

英式馬芬……2 個

火腿……2 片
（口味可依個人喜好採買）

蛋……5 顆

菠菜 / 萵苣（水煮）

切達起司……2 片

鹽……1/2 茶匙

番茄……2 片（切片）

無鹽奶油……一小塊

紅椒粉……些許

檸檬皮……些許

乾燥蘿勒葉……些許

黑胡椒……些許

檸檬汁……2 匙

製作荷蘭醬時，可以打得很均勻。

## ¤ 作法 /

〈荷蘭醬〉

**1.** 將無鹽奶油置於鍋裡加熱，直到奶油融化，注意不要讓奶油滾。

**2.** 在飛利浦廚神料理機裡加入蛋黃 3 顆（蛋白備用）、1 匙檸檬汁、1/2 茶匙鹽、些許紅椒粉。

**3.** 使用 2 段速攪拌後，加入 1 匙檸檬汁再攪拌 20-30 秒左右，顏色會變得淡一些。

**4.** 將料理機調成 1 段速，並慢慢加入加熱後的奶油，慢速攪拌幾秒後即可。（可依個人喜好、口味微調。）

〈雲朵班乃迪可蛋〉

**1.** 先預熱烤箱至 180 度，將 2 顆蛋的蛋白、蛋黃分離，將蛋黃取出先放旁邊。

**2.** 打發蛋白直到成為霜狀，放旁邊備用，在英式馬芬上塗抹少許無鹽奶油。

**3.** 依序鋪上菠菜 / 萵苣（水煮）、番茄、火腿、起司片，用湯匙挖出蛋白霜鋪上。

**4.** 在蛋白霜中間挖一個小空間，倒入蛋黃，放入烤箱烤 8-10 分鐘。

**5.** 取出後淋上荷蘭醬、撒上一些乾燥蘿勒葉裝飾，即可享用。

## French Toast Breakfast Roll
# 法式吐司早餐捲

如果可以，我的早餐一定選法式土司。

以前我不懂，為什麼吐司沾了蛋液，立刻升等為「法式吐司」？後來才知道，原來法國人吃法國麵包，就像華人吃米，是生活所必須。但常常法國麵包放久了容易變硬不好吃，所以法國媽媽們，就把土司沾蛋液拿去煎，就變成了一道全新的料理。（那這麼說來，亞洲人把隔夜剩菜做成炒飯，應該也可以稱為「中式米飯」。）

法式吐司的由來，就是這麼簡單而已。

但，我是一個非常容易把事情複雜化的人，就是不肯放過自己，任何無聊的小事，常常都會在心裡，不知道上演了幾回小劇場，猜想這事情背後的更多可能性。

「事情一定不可能那麼簡單！」，我總是這麼覺得。

但很多事情證明了，世界其實就是這麼簡單。就像法式吐司，麵包加上蛋液就很好吃。

人生，真的沒有那麼複雜。

要相信世界很簡單，也是需要練習的。所以，今天就練習做法式吐司吧！

## ¤ 食材 / 一人份

吐司……2 片
鮪魚罐頭……1 罐
洋菇……1 顆（切片）
蛋……2 顆
黃瓜……1 條（切絲）
起司絲……些許
黃芥末……些許
奶油……些許
黑胡椒……1 匙
鹽……1/2 茶匙

## ¤ 作法 /

**1.** 將蛋、起司絲、黃芥末、黑胡椒、鹽打散在大碗裡，並充分攪拌。

**2.** 將奶油均勻塗在平底鍋上加熱，將切片洋菇、鮪魚、起司絲倒入拌炒。

**3.** 待香味飄出後取出至碗裡備用，用刀將吐司邊切掉後，將吐司桿平。

**4.** 將鮪魚洋菇醬塗抹於吐司上，擺放切絲黃瓜後，將其捲起。

**5.** 浸泡在先前打好之蛋液，放入平底鍋，煎至外表金黃即可。

## Lava Melt Toast
# 火山熔心蛋吐司

繪畫的初階練習是靜物臨摹，在一張桌子擺上桌布、假水果或水杯等等，各種不同材質的物品，練習畫出精準的物體和色彩。

從最開始的，看到什麼畫出什麼：蘋果是紅的就畫紅的，桌布綠的就塗綠色；再來，老師會漸漸告訴你，在不改變形體的框架中，做出更多的顏色變化：白色的桌布，在你的畫布裡紫紅交錯；蘋果也出現了紫或咖啡的色塊，只要是還看得出是顆蘋果，顏色在畫布裡就完全不受限。

這就是畫畫迷人的地方，能更擁有夠多的自我意識，永遠沒有犯錯的問題。

在某種框架中，大膽恣意地活著，但依舊能保有自我。

生活之於我，也是這樣的感覺。我永遠想知道，能夠到多遠的地方去，讓自己更豐富更精彩。

蘋果不該只有紅色，而生活也不該只有上班、下班、柴米油鹽醬醋茶，人生應該多一點豐富的色彩，才不會顯得單調。

所以早餐的荷包蛋，也加點顏色，別讓它只是躺在吐司旁吧！

## ⛆ 食材 / 一人份

吐司……2 片
綜合起司絲……些許
瑞士起司片……1 片
切達起司片……1 片
奶油……一小塊

## ⛆ 作法 /

**1.** 將綜合起司絲、切達起司片、瑞士起司片分別
鋪到吐司上，將另一片吐司放在上方。

**2.** 用奶油預熱平底鍋，並找一個口徑適合的容器
或玻璃杯，在吐司中心壓出一個洞。

**3.** 將吐司中心取出後，與夾好的吐司放入平底鍋
煎，記得翻面，兩面都要煎到，注意不要燒焦。

**4.** 將平底鍋調至中小火 2-3 分鐘，直到起司開始
融化。

**5.** 將 1 顆蛋打至中間挖空的部分，待蛋黃煎至喜
好的熟度即可。（蛋要基本熟，不然無法起鍋！）

By The Way

可搭配剛取出的吐司中心一起享用。

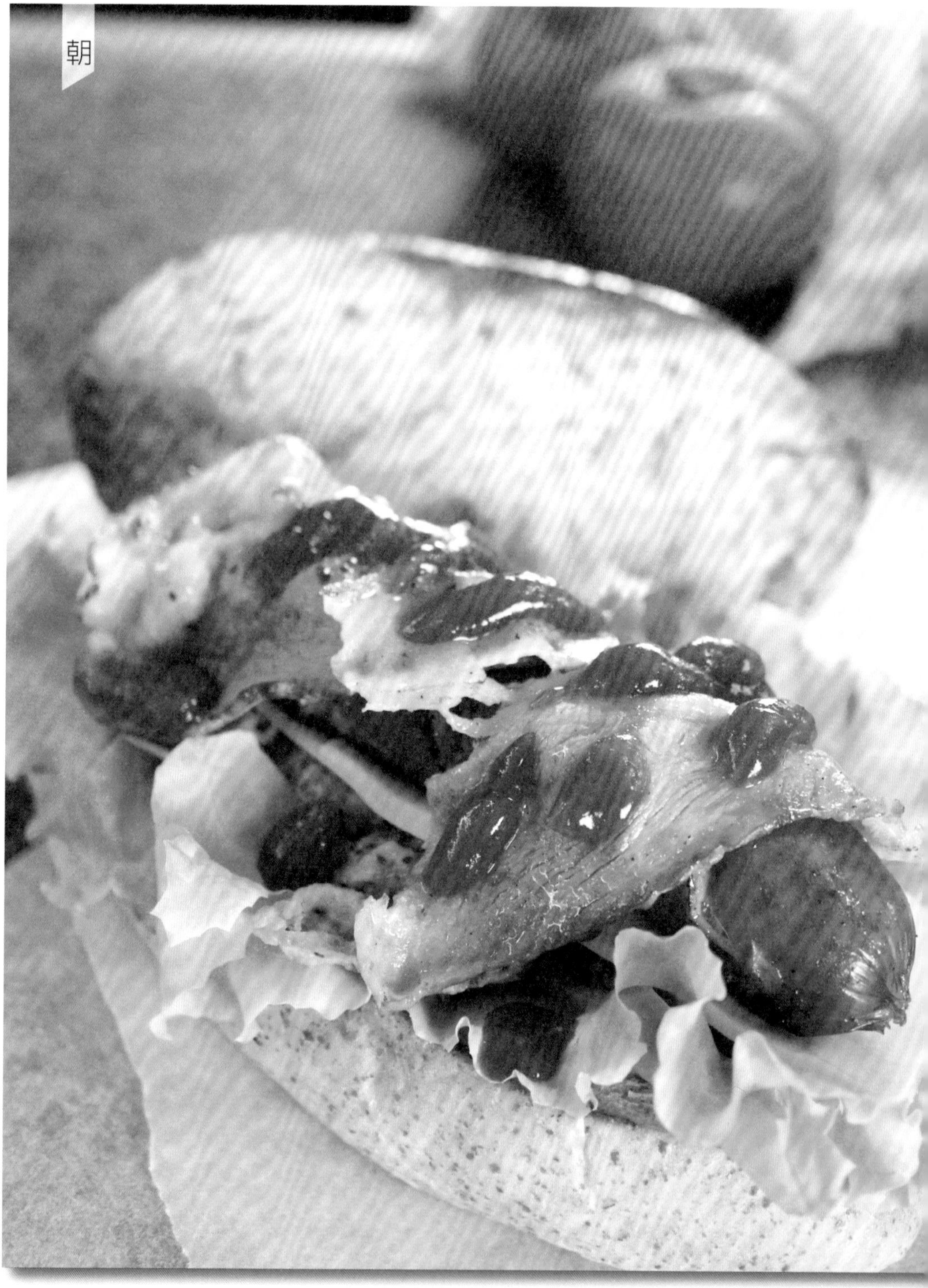

## Sausage Bacon Spiced Burger
# 香腸培根早餐堡

早餐，是一天的開關。不論是在心理還是生理。

不管一早餓不餓，我都要好好吃頓早餐，才算是真正醒過來。

每個人喜歡的早餐類型，也都不太一樣。

我爸是老中，桌上一定要有稀飯才算是早餐；我媽就會吃麵，老北方的口味，但都是大中華的經典味道。

而我則是西式嘴巴，小時候美而美的忠實粉絲，最近幾年開始喜歡 brunch，帶點慵懶悠閒的味道，搭上一杯冰拿鐵加糖，對我而言就是最完美的早餐，整天都因此而身心愉快。

所以我其實不太能理解，把米飯當早餐吃的道理何在？（好吧！其實稀飯我可以接受，但是如果是滷肉飯就有點過分了吧！）

有一次我跟納豆（是的，就是那個納豆）一起錄外景，一大早我就看到他捧著一碗滷肉飯，大口扒著。

我就問他說：「早餐吃這個不會太油膩嗎？」

沒想到他卻精神奕奕：「不會啊！早上吃滷肉飯整天精神超好的耶！」

可能是被他洪亮的聲音給說服了，當下竟然覺得好像有點道理呢！但也僅只一瞬，到現在，我還是無法把滷肉飯當成早餐啊！

還是來客香腸堡，滿足我的西方嘴吧！

## ¤ 食材 / 一人份

漢堡包 / 麵包 / 佛卡夏
（擇一）

豬肉辣香腸……1 根
雞蛋……1 顆
培根……1 片
蘿蔓或美生菜……1 片
切達起司片……1 片
番茄醬……些許
鹽……1/2 茶匙
黑胡椒……1 匙
奶油……些許
美式美乃滋……些許

## ¤ 作法 /

**1.** 在碗中置入蛋、鹽、黑胡椒，並均勻攪拌。

**2.** 以奶油預熱平底鍋後倒入蛋液，煎蛋捲並搗碎，
將炒蛋取出至碗裡備用。

**3.** 再以同平底鍋油煎豬肉辣香腸 8-10 分鐘，擦乾
平底鍋的油後，乾煎培根至表面出油即可。

**4.** 將生菜清洗乾淨切成兩半，稍微擦乾淨平底鍋
後，將麵包放進鍋內，稍微烤一下至熱即可。

**5.** 麵包下層塗抹美式美乃滋，依序放上生菜、炒
蛋、香腸、切成兩半的切達起司，擠上一些番
茄醬，並蓋上麵包即可食用。

By The Way

培根本身會出油，不需再另外加油。

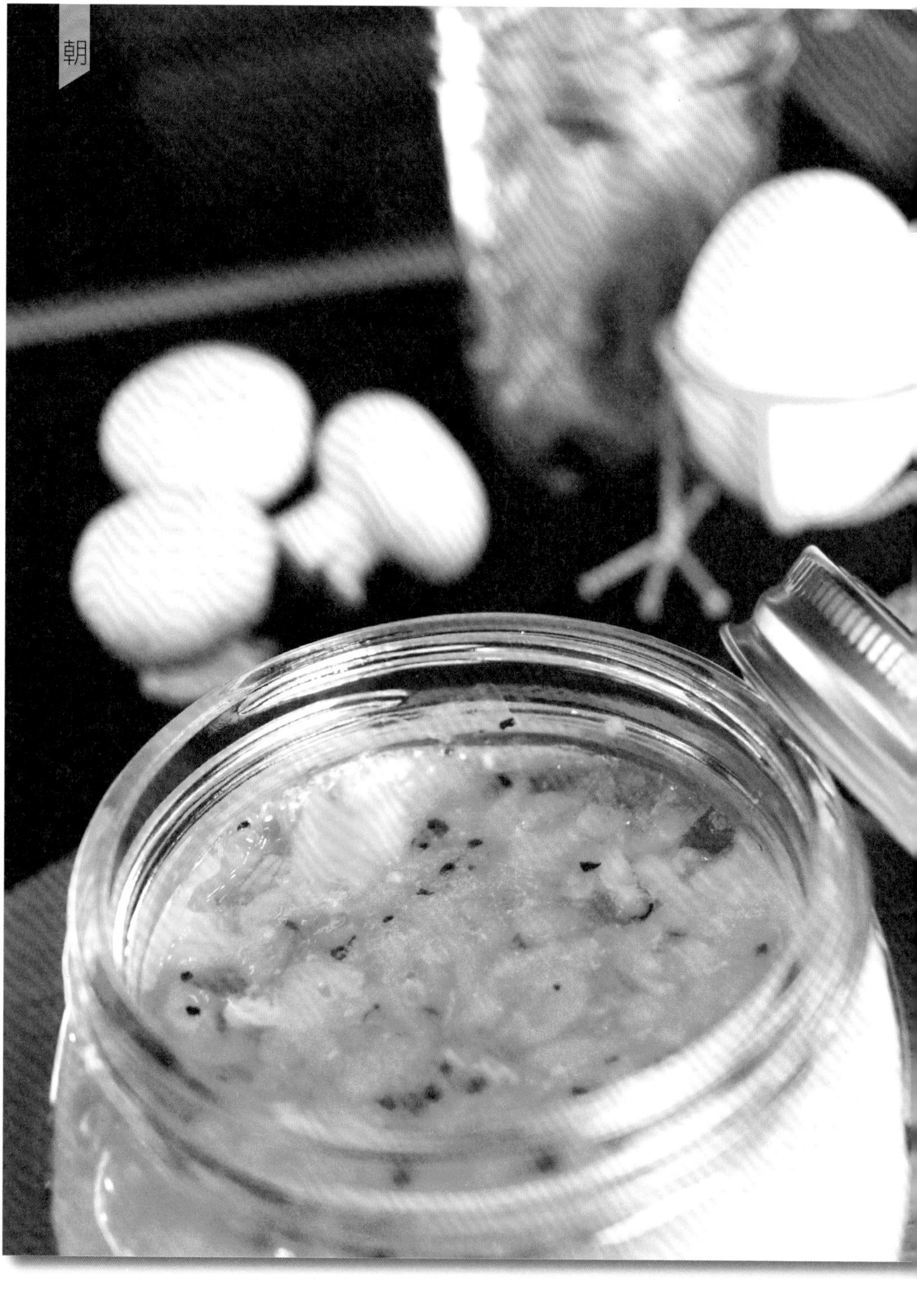

German Assorted Veggie Poach Egg
# 蔬菜德式水波蛋

如果說，買菜逛街是新好男人的標準，那麼，我或許稱得上是新好女人。

逛超市，是我放假時最大的樂趣。看看洋芋片又推出什麼新奇口味；認真選擇衛生紙樣式、洗髮精香味；特價的水果挑挑揀揀，拿來做個精緻甜點挺不賴。

就算什麼都不買，還是非常享受在超市中遊走的氛圍。

有一次，在超市看到了一袋漂亮的菠菜，上頭標示「雲林縣西螺新鮮直送」，啊！逛個超市也能遇見老鄉。

雲林是我的故鄉，小時候多數的時光，都是在雲林跟爺爺奶奶一起度過。天氣總是很好，陽光暖洋洋的。

三合院的院子，對於還是孩子的我來說，就是整個世界。

陽光、田埂、幸運草，是我的童年時光；偶爾發現金龜子，奶奶會拿條線綁住它的腳在我手中飛；門前的小河流那時正清澈，蜻蜓也喜歡。

爺爺奶奶走了，美好故鄉也離開了。

我手上的菠菜，在幾個小時前，還躺在雲林的田間，曬著那裡的溫暖太陽。170公里的距離，我卻好像真的感受到太陽的溫度、空氣的香甜、爺爺奶奶無盡的愛。

我羨慕起，躺在雲林西螺田間裡的菠菜，離家好近。

## ¤ 食材 / 一人份（兩罐）

雞蛋……2 顆
洋菇……1 顆（切片）
德式香腸（切丁）
菠菜或其他蔬菜（切絲）
鹽……些許
黑胡椒……些許
無糖植物性鮮奶油……
各 2 匙
綜合起司絲……些許

## ¤ 容器

1、玻璃罐：
　　隔水加熱
2、迷你鑄鐵鍋：
　　使用鑄鐵鍋就直接
　　把料分別加入鑄鐵
　　鍋並加熱就好。

## ¤ 作法 /

**1.** 煮一鍋熱水，水深需到玻璃罐的一半。

**2.** 將 2 顆蛋分別打入玻璃罐中，並攪拌均勻。

**3.** 在玻璃罐中加入洋菇、香腸、菠菜、鹽、黑胡椒。

**4.** 將植物性鮮奶油倒入罐中（每罐各 2 大匙）。

**5.** 將罐子放入平底鍋上，並加入熱水，以中火隔水加熱 20 分鐘即可。

### By The Way

水波蛋可搭配吐司或喜好的麵包享用。

朝

Mexico Taco BLT
# 墨西哥莎薩早餐

對於熱情的中南美洲國家，我一直感到非常好奇。

記憶中，那裡的人們每天都真心的開懷大笑，跳著熱情的排舞，好像沒有煩惱似的，陽光永遠撒在那個熱情的城市裡。

這是多麼令人嚮往的生活啊！

但是，根據去過墨西哥的朋友說，那裡的食物非常不適合我們，去了之後餐餐拉肚子。

看來理想跟現實果然都有著遙遠的差距。

不過如果有機會，還是非常希望能去感受一下那個城市的熱情。

在那之前，偶爾在陽光灑落的陽台上，吃異國風味的早餐，培根、生菜與抹上莎薩醬的Q彈餅皮，要豪華點，還能來顆荷包蛋，最後灑點檸檬汁，那股天然酸勁兒。

口中那股甜甜辣辣的口感，蔓延在舌尖。閉上眼，想像著周遭說著陌生的語言，空氣中充滿爽朗的笑聲。

有那麼短短的一瞬，我彷彿置身在墨西哥。

沒錯！這是需要一點想像力的。

## ¤ 食材 / 一人份

雞蛋……1 顆

培根……2 片

蘿蔓（或萵苣／美生菜）

香菜……些許

番茄片……1 片（切片）

橄欖油……些許

鹽……1/2 茶匙

黑胡椒……1 匙

檸檬角……1 片

墨西哥玉米餅／希臘皮

塔餅……適量

墨西哥沙薩醬……適量

（市售）

## ¤ 作法 /

**1.** 開中火預熱平底鍋，放入培根煎至雙面酥脆。

**2.** 將番茄切片後放入平底鍋，並以些許鹽及胡椒調味，雙面各煎兩分鐘左右即可。

**3.** 將平底鍋擦乾淨後，煎 1 顆荷包蛋。

**4.** 清理平底鍋，倒入橄欖油 1、2 滴，將墨西哥玉米餅以中火煎至少許澎起。

**5.** 在餅皮上塗抹沙薩醬，依序將培根、蘿蔓、番茄、蛋放入，撒上少許香菜跟檸檬裝飾即可享用。

By The Way　簡易小宅版薯片

如果想搭配馬鈴薯片，只需把馬鈴薯切成薄片後，使用微波爐微波 8 分鐘即可。

朝

## Oven Baked Pizza Fries
# 焗烤隔夜披薩條

我的字典裡，pizza 的意義是跟歡樂非常靠近的。

「今天來叫 pizza 吧！」不知道為何，只要一群人相聚就得吃 pizza，好像沒有它們，歡樂，就少一味。

最近一次吃 pizza，是在表演課的成果發表會後。

一行 10 個人左右，一起經歷近 2 個月的魔鬼訓練，幾次的排練跟修改，我們共患難。最後完成一齣一個小時的小小舞台劇。

60 天的心血，即將上場。

當天，小小的表演教室內坐滿了的人，大部分是親友團，而我一個也不認識。因為太在意表現，若有人來看，我反而會因為緊張失常。所以最後，決定不邀請任何人來看成果發表。

不過，那依舊是個很棒的夜晚。我喜歡那個晚上自己的表演，喜歡那種自在的感覺。

演出結束後，十來人放鬆的大吃 pizza、大灌汽水與各種不健康的垃圾食物。

好吃的食物總是不健康，而不健康的食物吃來特別歡樂。

教室裡伴隨的是輕快的流行舞曲，一切氣氛是如此美妙恰到好處。我開心的拿著 pizza，邊吃邊隨旋律在教室裡旋轉起舞，一滴酒都沒喝，卻像是醉了。

原來，歡樂使人沉醉。

老樣子！ pizza 永遠無法精準的適量購買。

剩下的，帶回家做個 pizza 早餐，再延續一下昨晚的美好。

## ¤ 食材 / 一人份

隔夜披薩⋯⋯一份
義式臘腸（切片）
番茄 / 小番茄（擇一）
罐頭義式番茄醬
⋯⋯適量
綜合起司條⋯⋯些許
黑胡椒粉⋯⋯1 匙

## ¤ 作法 /

**1.** 預熱烤箱至 180 度，準備一個可進烤箱的碗。

**2.** 將披薩取出切成條狀，平均鋪在碗裡。

**3.** 在碗裡淋上罐頭義式番茄醬，撒上綜合起司條
及義式臘腸。

**4.** 將整顆番茄放置在旁邊，和披薩一起入烤箱烤
20 分鐘。

**5.** 將碗取出，撒上黑胡椒粉即可享用。

44

## Breakfast Corn Scrumble Egg Roll
# 早餐玉米炒蛋捲

基本上我是不太挑食的人，硬要說出幾道不太喜歡的食物，我想應該就是玉米吧。

玉米！？我的朋友聽到這個答案，大多是驚訝的，其實如果是罐裝玉米，或是生菜沙拉裡的那種黃澄澄玉米，我就挺喜歡的。

好吧！說的精確點，我是不喜歡啃玉米這個動作。

因為啃啃啃的，不知道為什麼總是會吃得滿嘴狼狽，但實際上又沒有吃進多少東西到嘴裡，好空虛啊！我實在難以體會啃玉米的樂趣。

不過，最近我又重新認識一次玉米的甜美。

那位功臣的名字是——水果玉米！

以甜度來看，它其實已經是水果等級，完全不需要烹煮，直接啃下的甜美讓人超級驚豔！這是以前吃玉米時完全沒有過的感受。

原來世界上有這樣的美味存在。

吃過這麼棒的水果玉米後，我終於對玉米稍稍改觀，願意多給彼此一點機會，嘗試更多的可能。

嗯，與玉米的破冰之旅，就先從早餐開始吧。

## ¤ 食材 / 一人份

墨西哥餅……2 片
玉米……些許
洋菇……1 顆（切片）
培根……（切片）
蛋……2 顆
起司絲……些許
橄欖油……些許
黑胡椒……1 匙
鹽……1/2 匙

## ¤ 作法 /

**1.** 將蛋、起司絲、玉米、洋菇均勻打散在大碗裡，並加入少許黑胡椒、鹽調味。

**2.** 用 1、2 滴橄欖油預熱平底鍋，將蛋液均勻倒入後，再把培根切片放入。

**3.** 勺子均勻攪拌，拌炒至散狀後置於碗中。

**4.** 將墨西哥餅放在盤上，並覆蓋上一層濕紙巾，微波 30 秒後取出。

**5.** 將炒蛋鋪平於餅皮上，捲起來即可享用。

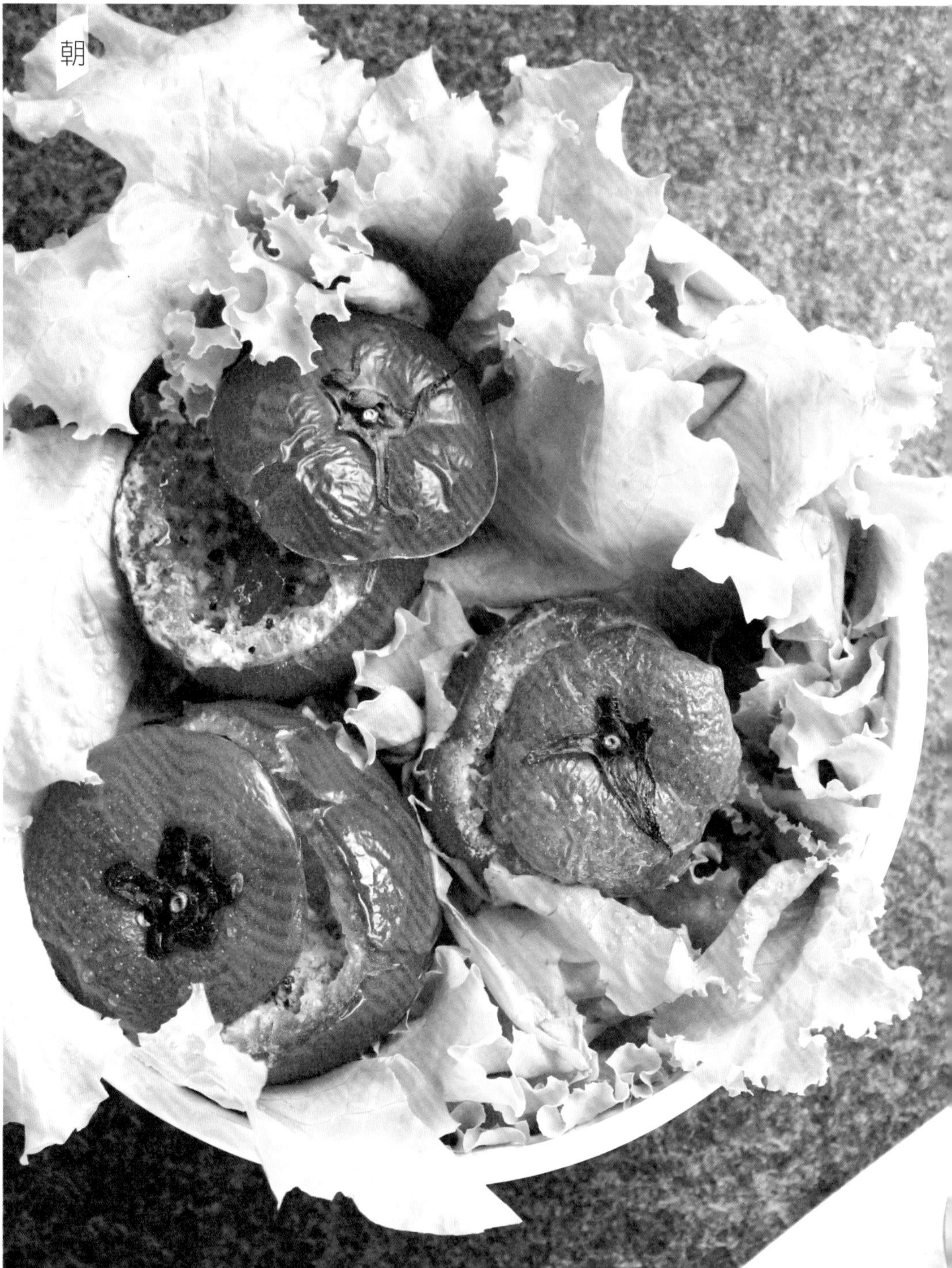

Tuna Stuffed Baked Tomatoes

# 焗烤鮪魚番茄盅

兩年前，我的經歷多了「作家」兩個字。

雖然自己說起來，有點夢幻、有點開心、又有些不好意思，但是因為如此，我對生活更加努力，期許自己成為一個豐富的人。

我的第一本書，講的是在日本遊學時，我的甜點心頭好，當時照片陸續搜集整理，再加上自己的手繪插畫以及地圖，竟然真的就如期上市了！

對我來說，是一趟奇妙之旅。

而現在再一次出發，談談我的食物心情。

像是把生命裡某些重要時刻，再度拿出來回味。有些事放在心裡，越陳越香。

因為時間不算太多，必須完成每一道菜的攝影、文字及插畫，還卡到原本的主持工作，週週出外景，一次出去就是 4、5 天，如此壓縮，說不緊張真的是騙人的。

我想，出版社的夥伴也有同感，哈哈。

不過，我倒是很喜歡，一群人共同完成一件事的感覺。

初期在討論菜單的時候，我們一來一回的增加、刪除，才完成這五十道美味。有種「啊，終於好了」的成就感。

焗烤鮪魚番茄盅，在最後一刻雀屏中選，是企劃同仁的堅持。

「這很好吃啊！」她始終這麼說。的確，這是一道非常簡單，意外好吃的料理。可惜的是，做番茄盅那天，她剛好有事不能來，希望她看到番茄盅的照片，不會感到太遺憾。

做起來簡單，回去自己試試嘿！

49

## ¤ 食材 / 一人份

番茄……2 顆
鮪魚罐頭……2 大匙
鮮奶油乳酪……2 匙
（一顆番茄一湯匙）
檸檬汁……些許
檸檬皮……些許
蔥……（切細段）
薄荷葉……些許
（或乾燥蘿勒葉即可）
橄欖油……些許
黑胡椒……1 匙
鹽……些許
綜合起司絲……些許

## ¤ 作法 /

**1.** 預熱烤箱至 180 度，將番茄頂端蓋切掉，放旁邊稍後使用。

**2.** 將番茄肉挖空，挖乾淨並把番茄肉切成末，將番茄放在烤盤上等待。

**3.** 將鮮奶油乳酪、檸檬皮、些許檸檬汁、番茄肉、鮪魚 2 大匙、蔥、搗碎薄荷葉放進碗裡攪拌均勻。

**4.** 用攪拌後的配料把番茄填滿，灑滿綜合起司絲後，加入少許黑胡椒，鹽調味。

**5.** 將番茄蓋蓋上，烤箱烤約 20-30 分鐘或番茄開始熟透後即可。

**By The Way**

注意不要烤過頭，不然番茄就塌了。

# lunch
午餐

日正當中，屬於我的飯盒時光

Honey Dip Pork Bum

# 蜂蜜可樂豬刈包

可樂，是種奇妙、傳奇的飲料。

加入曼陀珠後，據說會產生一種化學作用讓可樂爆炸；或是把可樂放在鍋內用小火煮，經過一陣子水分完全蒸發後，就會變成一坨苦味超重的麥芽糖！（這我親身試驗過，網路上還找得到我的實驗影片呢！）

也有人說，可樂是種超強的清潔劑，強到可以用來清潔馬桶；或者說有殺精作用。（基本上，這說法待證實）

但是應該很少人知道，可樂還可以拿來醃肉。

把豬肉泡進酸性的可樂中，醃肉受到刺激，會加速醃製的過程，吃起來並不會有可樂的甜味，卻讓肉質更加柔軟入味。

這可是專業廚師親自傳授的撇步呢！

第一次知道吃到可樂醃的肉時，那個柔軟香甜的口感，真是令人難忘。沒想到，只是一瓶可樂，就讓肉擁有這麼大的魔力，讓人食指不動也不行。

生活中的這些小驚喜，真是為我帶來莫大的樂趣！

不知道，如果用櫻桃口味的可樂來醃肉，會不會醃出櫻桃口味的肉呢？

¤ **食材** / 一人份

梅花肉……1 塊
櫻桃可樂……1 罐
醬油……4 匙
砂糖……2 匙
米酒……4 匙
麻油……2 茶匙
蜂蜜……2 匙
大蒜……3 瓣（切末）
刈包……3 片
花生糖……些許（搗碎）
香菜……些許
蘿蔓……些許

¤ **作法** /

〈預備工作，可前一天準備〉

**1.** 先用刀子在梅花肉上劃幾刀，方便讓醬汁滲透。

**2.** 將肉放入烤盤，依序加入櫻桃可樂、醬油、糖、白酒、麻油、蜂蜜、大蒜。

**3.** 放入冰箱讓醬汁醃製至少 3 小時。

〈當天烹調工作〉

**1.** 預熱烤箱至 180 度，將醃製好的肉從冰箱取出，包在烘培紙裡密封。

**2.** 放入烤箱 40 分鐘後將紙包打開，刷上蜂蜜後再用 220 度烤 20 分鐘即可。

**3.** 將烤好的肉切片，刈包以電鍋蒸熟，或使用紙巾沾濕覆蓋住刈包，以微波加熱 30 秒。

**4.** 把花生糖搗碎，或使用花生粉加紅糖代替，將肉片、蘿蔓包入刈包中。

**5.** 用花生糖及香菜點綴，即可享用。

Parmesan Cheese Risotto
# 帕馬森起司燉飯

起司，是食物界中最偉大的發明之一。

任何的食物只要加上起司，都會變得很有質感、令人食慾大開。

尤其，喝紅酒的時候配上一口，柔滑的起司融化在微澀的紅酒裡，人生最美不過如此。

焗烤時，上層鋪滿了一層滿滿的，烤得熱熱的，出爐後拉起會牽絲的起司，有誰可以抗拒？

起司就是有一種神奇的魔力，讓我完全臣服。

但唯一讓我不能接受的，就是藍起司！

說到底，都是我愛嘗鮮的個性惹禍。

第一次吃藍起司，是在臺北一家知名美式漢堡店，因為偶爾想換換新口味，就點了沒吃過的藍起司漢堡。

漢堡才一上桌，我完全被那濃厚的臭味打敗。

因為藍起司是用青黴菌發酵而成，所以外表看來藍藍綠綠，也有股「特殊」的味道。不論是外表還是味道，都是不怎麼美好的經驗。（不過也是有人喜歡的，就像臭豆腐，越臭越有人愛的道理一樣）

嘗起來是別有一番風味，如果沒吃過的人，我還是會大力推薦這輩子一定要嚐嚐，感受一下另類的起司體驗。

但是，今天做起司燉飯，還是免了吧。

## ¤ 食材 / 一人份

洋蔥……1/2 顆（切絲）
紅蔥頭……1 瓣（切末）
洋菇……2 顆（切片）
雞高湯……500ml
白米（生米）……1.5 杯
帕馬森起司……80 克
奶油……30g（依個人喜好）
黑胡椒粉……些許
橄欖油……1/2 茶匙
白酒……200ml
鮮奶油…… 180ml

## ¤ 作法 /

〈燉飯〉

**1.** 用 1/2 茶匙的橄欖油預熱平底鍋，將洋蔥切絲、紅蔥頭切末、洋菇切片備用。

**2.** 加入洋蔥、紅蔥頭末及白米拌炒，待洋蔥味道出來後，加入洋菇片，炒至米粒透明出水。

**3.** 加入 250ml 雞高湯及 200ml 白酒（可依個人喜好微調），約莫 20 分鐘檢查熟度。

**4.** 蓋鍋 5 分鐘後，如果飯粒吸飽湯汁，產生透亮狀態，且鍋裡湯汁已完全被吸收進去則完成燉飯。

**5.** 完成的燉飯可放入冰箱2-3天，之後可加熱使用。

〈帕馬森起司燉飯〉

**1.** 另起一平底鍋，加入鮮奶油 180ml、高湯 200ml 煮滾。

**2.** 加入煮好的燉飯、帕馬森起司、奶油後用木鏟翻炒。（建議用木鏟翻炒，較不易導熱）

**3.** 注意要將空氣拌入食材裡，讓燉飯產生膨鬆感，水分不夠可再加入適量高湯。

**4.** 待奶油及起司完全的裹滿覆蓋米粒即可起鍋。

**5.** 盛盤後撒上黑胡椒粉，即可享用。

## Oven Baked Zucchini Pasta
# 焗烤奶油櫛瓜麵

你有聽過分子料理嗎？

簡單來說，分子料理就是解構食物本身，透過特殊的處理方式，讓食物吃起來不是它本來該有的味道。

舉例來說，也許它看起來是巧克力球，但吃下去後是起司蛋糕！

看起來跟吃起來的味道完全不一樣，挑戰人類味覺刺激，每一口吃下，都好像在打開驚喜箱，既期待又怕受傷害，這就是料理令人驚豔之處。

分子料理因為製作繁複，是高級餐廳才會出現的料理方式，但是呢，在家裡偶爾也可以開點料理小玩笑。

而最好用的食材，就是櫛瓜。

把櫛瓜切成線條狀，讓它看起來像是義大利麵，然後加上奶油與起司，用製作義大利麵的方式料理它。濃厚的醬汁，你不說，誰知道它原來是櫛瓜呢？

清爽的櫛瓜麵跟濃厚的醬料組合，意外的美味，完全沒有任何違和感。

奇妙吧！輕鬆的就能完成一道美味料理，還能跟親友炫耀一番：嘿！這可是高檔的分子料理呢！

## ¤ 食材 / 一人份

烘烤紅椒……2 條
橄欖油……些許
羊乳酪……60ml
（可換鮮奶油）
洋蔥……1/2 顆（切末）
牛奶……1 杯（約 200ml）
帕馬森起司……些許
大蒜……2 瓣（切末）
櫛瓜……2 條（切絲）
蘿勒葉（乾燥可）
鹽……2 茶匙
黑胡椒……些許

### By The Way
飛利浦廚神料理機（HR7629）
可以把奶油紅椒醬打得很
均勻，用來切櫛瓜，也可
以切得很細喔。

## ¤ 作法 /

〈奶油紅椒醬〉

**1.** 將烤箱加熱至 200 度後，將兩顆紅椒放置在烤紙上後放進烤箱。

**2.** 持續翻面直到每面紅椒表層微焦，變色後將之取出，放入保鮮袋裡 15-20 分鐘讓它冷卻，將焦黑外皮剝掉並將籽去除。

**3.** 將紅椒、羊乳酪、一茶匙鹽、一杯牛奶、一大匙橄欖油，倒入飛利浦廚神料理機以 2 段速攪拌均勻，奶油紅椒醬就完成了。

〈焗烤奶油櫛瓜麵〉

**1.** 先將櫛瓜切絲，越細越好。（此食譜櫛瓜絲若用機器刨絲更方便，如無機器用刀也行。）

**2.** 起一平底鍋（深一點）調至中火，加入些許橄欖油，切碎洋蔥末、大蒜末。

**3.** 拌炒 1-2 分鐘直到洋蔥出水但不要焦掉，再來加入一茶匙鹽，拌炒櫛瓜絲。（注意小心拌炒，盡量不要沾鍋。）

**4.** 待櫛瓜開始軟化後，加入奶油紅椒醬直到醬汁全熱後，撒入胡椒及鹽作些許調味。

**5.** 盛盤後灑上帕馬森起司絲、羊乳酪、蘿勒葉和黑胡椒即可享用。

Mexico Taco Light Steak

# 墨西哥塔可牛排

人生有些事，偶一為之，是美好的點綴。

3 分熟，據說是牛排最美味的狀態。一刀切下，油紅軟嫩，是味蕾的極致享受。

但是，別人眼中的鮮美，我卻是敬謝不敏，會見血的食物，實在沒辦法吸引我太多。所以，以前我的牛排要到 8 分熟，現在稍稍妥協為 6 分。

某次到間高級餐廳去，朋友大力推薦這家牛排之美味，一定要試試 3 分熟，不然就可惜了。

OK！都說成這樣了，就姑且一試吧！

牛排送上桌，那暗紅色嫩肉透著光，油亮的美麗外表真是太誘人，二話不說，拿刀子劃開，來回幾下後，牛排裡紅紅濕濕的血水緩緩滲出，天啊！越看越是忍不住，好像什麼動物被我拿刀劃開了皮，牛肉鮮紅似乎還活著。

我不是嗜血的人，看久了還是不舒服，但是嘗鮮嘛！牙一咬就過了。

我忍住不適吃了一小塊肉，3 分熟的柔軟程度就像在吃生魚片，口感實在不錯，只是需要閉起眼睛，才能專心感受它的美好。

任何事情都必須嘗試一下，才能知道自己最合適的是什麼，偶爾跳出框框，也許就有另一個世界，大不了，跳回來就好。

下次，還是點個熟的牛排吧。

## ◻ 食材 / 一人份

墨西哥餅⋯⋯4 片
（可自行裁成四吋，漂亮）

牛後腹肉排（牛腩）⋯⋯1 塊

蘿蔓⋯⋯1 小把（切碎）

香菜⋯⋯1 小把（切碎）

酪梨⋯⋯1 顆

番茄⋯⋯1 顆（切粒）

羊乳酪起司⋯⋯些許
（可依喜好調整）

檸檬⋯⋯1 顆（切片）

大蒜黑胡椒粉⋯⋯些許

海鹽⋯⋯些許

橄欖油⋯⋯些許

## ◻ 作法 /

〈牛後腹肉排（牛腩）1 塊〉

**1.** 用些許橄欖油預熱平底鍋。

**2.** 將大蒜黑胡椒粉平均撒在牛排上，雙面都沾滿後，放入鍋裡每面各煎 2-3 分鐘。（6 分熟左右，可依個人喜好調整熟度）

**3.** 將牛排離開火，放置 2 分鐘左右，讓血水跟肉汁吸回肉裡。

**4.** 再將牛排放回平底鍋煎 1 分鐘即可。（7 分熟）

**5.** 將牛排斜切至片狀即可。

〈墨西哥塔可牛排〉

**1.** 將蘿蔓、番茄、香菜切碎，分別裝盤。

**2.** 把酪梨切半，挖出酪梨籽後即可。

**3.** 將廚房紙巾用水浸濕後，將墨西哥餅放中間，再放一層濕紙巾。

**4.** 將墨西哥餅微波 45 秒，蒸熟即可，依自己喜好組裝食材。

**By The Way**

由於墨西哥當地常吃四吋餅，所以本篇介紹四吋的作法。

## Beer Marinated Steak Mushroom Bowl
# 啤酒牛肉洋菇派

日本人非常愛喝酒。

從年輕人到上班族、職業婦女到家庭主婦,男女老少動不動就愛喝一杯,是我在日本唸書時,印象最深刻的事。

喝啤酒對嚴謹的日本人而言,應該是難得可以短暫放鬆的快樂時刻。失戀的時候喝、開心的時候喝、煮完一頓飯後滿足的喝,何時何地,啤酒都百搭。

啤酒如此重要,包裝自然馬虎不得。

在日本,每一款啤酒的包裝都非常精彩絢麗,像藝術品般,就算不想喝啤酒,也會好想收藏。

平常不太追劇的我,在日本期間為了更快地學好日文,養成放學後回宿舍看日劇的習慣,我總會先到超市去,精挑細選出一罐適合今天心情的啤酒,回家獨自欣賞。星期一憂鬱,挑一瓶藍色的;週末狂歡,挑一瓶煙火圖案的,再適合不過。

還能自己做決定的感覺,真是棒呆了。

長大後,我們越來越知道,妥協是什麼感覺,常常會忘了還能自己決定事情的滋味。

其實,買瓶自己喜歡的啤酒,接著帶回宿舍,配著日劇喝掉;或是加到派裡,吃一口滿嘴微醺,最美好的夜晚不就是如此嗎?

漸漸能體會一瓶啤酒的幸福感,今晚和自己乾杯吧!

¤ **食材** / 一人份

牛肋……1 條（切塊）

中筋麵粉……3 大匙

洋蔥……1 顆（切細）

洋菇……4 個（切片）

高湯……400ml

啤酒……200ml

大蒜……2 瓣（搗碎泥狀）

麵包（圓形狀）

綜合起司絲（填滿即可）

橄欖油……些許

海鹽……些許

大蒜黑胡椒……些許

乾燥百里香葉……些許

**By The Way**

麵包買大一點，把麵包肉挖出來，中間放煮好的食材，可搭配麵包蓋一起享用。

¤ **作法** /

〈牛肋〉

**1.** 在大碗裡放入切塊牛肋、用大蒜黑胡椒粉平均撒在牛排上。

**2.** 用 1 大匙中筋麵粉，將牛肋每面都均勻裹上。

**3.** 用些許橄欖油將平底鍋加熱。（中火）

**4.** 放上牛肋煎 1-2 分鐘，並翻面煎 1-2 分鐘，直到兩面都呈咖啡色。

**5.** 將牛肋離火放置 2 分鐘左右，讓血水跟肉汁吸回肉裡。

〈啤酒牛肉洋菇派〉

**1.** 續用平底鍋，將洋蔥倒入，並加入些許鹽、大蒜黑胡椒粉直到洋蔥開始焦化。（大約 5 分鐘）

**2.** 將洋菇加入拌炒直到出水狀，再把乾燥百里香葉、大蒜泥加入攪拌一下後，倒入啤酒。

**3.** 待大蒜味開始散出，加入 2 大匙麵粉均勻攪拌，慢慢加入高湯，攪拌至無結塊麵粉狀即可。

**4.** 調至中小火，讓湯汁浸泡 10 分鐘後關火，加入牛肋塊攪拌並試吃。（可依個人口味加鹽或胡椒粉調味）

**5.** 將牛肋及湯汁填滿挖空麵包，並撒上起司絲，放入 180 度烤箱直到起司融化即可。

# Boiled Octopus with Pesto Sauces Pasta
# 青醬水煮章魚腳

我不是天生的瘦子。

25 歲以前，我跟大部分人都一樣，理所當然的認為：我怎麼可能會發胖？（這真的不是炫耀文）

但是，現實終究會來臨。

日本唸書期間，因為暫時不用工作，對於自己的體型也稍稍鬆懈了。幾度發現牛仔褲變得好緊，硬是穿上，緊繃的大腿都快不能呼吸了。

終於有一天，我也不得不加入減肥的行列。

但是，減肥最重要的就是飲食，何況運動對我而言實在太慢。以下，我就來公開我的瘦身經驗：（說到底，其實是勵志文）

首先，早餐要認真吃，中餐只吃到六七分飽，晚餐減量，能不吃則不吃。（節食部分，還是以自己身體狀況為準喔！）實行一週後，確實感覺體態明顯輕盈多了。

但是，減肥最痛苦的部分莫過於，晚餐到睡前的那段時間，好餓啊！

每次都想說餓了就趕快去睡覺，睡著後就感覺不到餓了，但有時候餓過頭，躺在床上滾來滾去就是睡不著。為了解決夜間饑餓的問題，水煮章魚腳，油少低熱量，又可以嚼很久，增加飽足感，是很不錯的宵夜。

如果你也剛好過了 25 歲，需要維持體態，不妨試試低熱量的水煮章魚腳吧！

## ¤ 食材 / 一人份

水煮章魚腳……2 條

短義大利麵……80 克

（貓耳朵及通心粉亦可）

芝麻葉……1 把

蘿勒葉……10 克

松子……1 小匙

（核桃也可）

橄欖油……4 人匙

帕馬森起司……2 小匙

蒜頭……1 瓣

水……1 杯（200ml）

綜合起司絲……些許

檸檬汁……些許

海鹽……些許

乾燥百里香葉……些許

密封玻璃罐……1 個

## ¤ 作法 /

〈青醬〉

**1.** 將蘿勒葉、松子、蒜頭、鹽、橄欖油、帕馬森
起司加入飛利浦廚神料理機。

**2.** 倒入 1 杯水，使用 2 段速均勻攪拌 1 分鐘後，
倒入碗裡備用。

**3.** 如果想多做，可放入密封玻璃罐保存。

〈青醬水煮章魚腳〉

**1.** 將一鍋水煮滾，加入章魚腳並用些許鹽調味。

**2.** 起另一鍋水，加入鹽些許、橄欖油 1 茶匙，放
入義大利麵煮熟，取出後浸泡冷水保持口感。

**3.** 把義大利麵瀝乾後，將青醬加入均勻攪拌，用
剩下的 1 小匙青醬，加入章魚腳均勻攪拌。

**4.** 將調好味的章魚腳，鋪在密封玻璃罐的底層，
接著鋪上義大利麵，最上層放芝麻葉並淋上檸
檬汁即可享用。

**5.** 使用密封玻璃罐可以冷藏保存 2-3 天，冰過後
要吃，只要隔水加熱即可。

**By The Way** ▶ 飛利浦廚神料理機（HR7629）
製作青醬時，可以打得很均勻。

Oven Baked Stuffed Zucchini
# 焗烤櫛瓜披薩條

你分得出，大黃瓜跟櫛瓜的不同嗎？

老實說，在還沒吃到櫛瓜以前，我還真是傻傻分不清楚。但只要一吃過櫛瓜後，就會被那迷人的口感深深吸引。

櫛瓜是一種「曖曖內含光」的食物，只單憑外表，確實是蠻不容易看出它的美味。但是一口咬下，它沒有黃瓜的澀味，吃起來甜甜脆脆，越吃越耐嚼。

沒有仔細探索食物本身的味道前，只看樣子常常會被表象誤導。

就像很多事情，沒有往內仔細探究個清楚，就千萬不要妄下定論。看起來樂觀無懼，也許只是害怕被人發現黑暗的一面；放蕩不羈底下，其實有顆認真的心無處安放；好像什麼都不懂，很可能只是大智若愚的表現；脾氣暴躁，溫柔體貼的那面又豈是一般人能知道的呢？

以前年紀太輕還不明白，有時候憑著表象就誤會了一個人，而現在接觸的人多了，更能多用一點柔軟的心去看待人事物。

當不知道事情全貌時，千萬別假裝知道！

去親身探究更多事物的本質吧！

## ▯ 食材 / 一人份

櫛瓜……2 條
義大利臘腸……1 條（切片）
德式香腸……1 條（切片）
番茄……1 顆（切片）
義大利麵醬……適量
橄欖油……1 大匙
莫札瑞拉起司絲……些許
帕馬森起司絲……些許
綜合起司絲……些許
海鹽……些許
黑胡椒……些許

## ▯ 作法 /

**1.** 預熱烤箱至 180 度，將 2 條櫛瓜從中間剖半切，頭尾去除。

**2.** 將大蒜搗碎後，混入橄欖油 1 大匙、海鹽、黑胡椒，並攪拌均勻。

**3.** 把鋁箔紙在烤盤上鋪平，將混好的大蒜油均勻塗抹在櫛瓜上，置於烤盤中。

**4.** 櫛瓜第一層抹上義大利麵醬，再來鋪上切片番茄、義大利臘腸、莫札瑞拉起司絲、德式香腸，最後撒上綜合起司絲。

**5.** 放入烤箱烤 15-18 分鐘即可，想櫛瓜軟一點可以烤久一點，取出撒上帕馬森起司點綴即可。

Golden Cartridges Risotto Ball

# 黃金軟骨燉飯球

我家有 5 個人，總是很熱鬧。

晚餐是一天中最重要的時刻，三菜一湯、白得晶瑩剔透的米飯，餵飽一家五口的肚子，是我媽最在意的。（我國中國小的時候，常常全家一餐就要煮掉 5 杯的米才夠呢。）

那時候，我一餐至少都會吃 2 碗飯，弟弟還得拿碗公裝，才吃得飽，可能就是吃了很多飯，所以我們都不矮吧，哈哈。（發育中的孩子真幸福，可以吃得好飽好飽，也不用在意身材。）

長大了，工作的工作、嫁人的嫁人，上一次大家一起在家吃飯，好像是很久以前的事。

現在餐桌上，大都只剩爸媽兩個人，就算只煮 1、2 杯的飯，也常常吃不完，總是放到隔夜，再做成炒飯就又是一餐。

我媽的炒飯不知道加了什麼，有種特殊的、無可取代的家鄉味。

有幾次我自己試著自己做，味道總是不對，怎樣都覺得不好吃。身邊少了熟悉的人，自然也吃不出熟悉的味道。

我只好再摸索飯的其他可能。

飯球是我滿喜歡的選擇，口味不拘，我喜歡一次一口的感覺，一個人做完吃掉，有種獨享的幸福感。

我常問我媽說：「就你跟爸爸兩個人吃飯，會不會很無聊啊？」

我媽總說：「不會啊！但是人少煮飯最難了，你們回家吃的話，就好煮多了。」

媽，下次您教我做炒飯，我教您做黃金軟骨燉飯球，我們一起吃吧！

## ▫ 食材 / 一人份

白飯……2 碗
義大利麵醬……4 大匙
鮮奶油……3 匙
帕馬森起司粉……2 匙
莫札瑞拉起司絲……1 杯
切達起司塊（數個，一球一個）
雞軟骨……4 顆（切丁）
蛋……1 顆
麵包粉……1 杯
海鹽……1/4 匙
黑胡椒……些許

## ▫ 作法 /（先煮好一鍋飯，隔夜飯可。）

**1.** 預熱烤箱至 220 度，將蛋打散。

**2.** 將蛋液、義大利麵醬、鮮奶油、帕馬森起司粉、雞軟骨、鹽及黑胡椒加入白飯裡攪拌均勻。

**3.** 用湯匙將飯挖成球狀，用手指戳一個洞，並將切達起司塊塞入中間。

**4.** 將飯捏成球狀，裹上麵包粉後，進烤箱烤 20-25 分鐘。

**5.** 可用剩下的義大利麵醬，盛盤並撒上帕馬森起司粉做裝飾。

### By The Way ▸

這是一道義大利的家常菜，常常可以看到他們用隔夜飯來製作。

## Mozzarella Bell Pepper Burger
# 莫扎瑞拉彩椒堡

青椒，是小孩的天敵，大人專屬的食物。

我幾乎沒有聽過，有哪個小孩吵著說：「好想吃青椒啊！」只有聽過媽媽問：「要如何讓小孩乖乖吃青椒？」

的確，小時候對於青椒的印象就是吃起來苦苦的，但媽媽總會說，一定要把青椒吃完才有營養。每次被迫要吃下苦苦的青椒時，都像被處罰。

其實，就算小時候沒有得到青椒的營養，也是可以長成一個健健康康的人嘛！

時至今日，雖然青椒的味道跟小時候一樣苦苦的，但現在卻能品嘗出苦味後，在嘴裡留下的淡淡甘甜。

不愛吃青椒的小孩，已經長成一個可以體會其中回甘的大人了。

就像生活一樣，辛苦後不論任何形式一定能帶來某些回甘。

隨著時間年紀的增長，不論對於食物或是生活，感受都越來越深，任何看起來不感興趣的，必定有其美好存在。

只需，細細的、耐心的去品味任何一點小事。

最重要、最小的事。

## ¤ 食材 / 一人份

麵包……1 條
　（義大利拖鞋或長麵包）
黃椒……1 個（切細絲）
紅椒……1 個（切細絲）
洋蔥……1/2 顆（切細絲）
莫札瑞拉起司絲……
100 克
里肌火腿……1 片
芝麻葉……些許
核桃……10 克
蘿勒青醬……1 匙
　（之前做好）
橄欖油……1 匙
鹽……些許
黑胡椒……些許

## ¤ 作法 /

**1.** 倒入 1 匙橄欖油預熱平底鍋，將兩種彩椒和洋蔥切細絲備用。

**2.** 先炒洋蔥約 5 分鐘直到透明出水後，加入彩椒、鹽、黑胡椒後再續炒 15 分鐘。

**3.** 待彩椒出水後，加入核桃 2-3 分鐘攪拌均勻。

**4.** 擦乾淨平底鍋後續用，直接把麵包剖半後放上平底鍋乾烤，再來將下層麵包塗上青醬。

**5.** 依序放上芝麻葉、里肌火腿、炒好的彩椒核桃、莫札瑞拉起司絲，並蓋上上層麵包即可。

### By The Way

也可參考先前 P.64 烤紅椒的作法，一起烤紅椒跟洋蔥。

1. 將烤箱加熱至 180 度後，將兩顆紅椒放置在烤紙上後放進烤箱。

2. 持續翻面直到每面紅椒表層微焦即可。

## Giant Prawn Roll Salad
# 大蝦米沙拉厚片

說到龍蝦，我想聊聊我與蝦子的緣分。

因為主持外景節目的關係，常常會吃到各式各樣的蝦子，才知道，原來蝦子的種類非常多，不只有溪蝦、草蝦等品種，每種蝦子的口感也都非常不同，要搭配不同的料理手法，才能吃出完整的美味。

台南包在肉圓裡的草蝦很小隻，但是吃起來好甜；釣蝦場裡的泰國蝦螯是藍色的，口感飽滿又脆；新鮮的龍蝦更是緊實彈牙，而且有非常多的吃法。

最近一次在外景吃到龍蝦，是在澎湖。

大海就是澎湖人的冰箱，海鮮果然超級新鮮，龍蝦三吃現釣現吃，沙西米、冰鎮蝦肉、最後下粥燉煮，鮮香的滋味，現在想起來還會吞口水呢！

但是，要嘗到美食的代價，是累到不成人形的錄影行程。

當天，拍到龍蝦的時候，我們一行人已經過了一整天外景的折騰，衣服乾了又濕濕了又乾，因為流汗的關係，妝也脫得差不多了，又累又濕黏，何止「難受」兩字了得！

在這麼焦躁難受的情況下，還要好好品嘗龍蝦的美味，也真是令人為難，現在想起來有一種奇妙的違和感，真不知道是怎麼熬過那些外景時光的。

不過，現在我唯一的記憶是，那個夏天的龍蝦，超美味！

## ¤ 食材 / 一人份

糙米……1/2 碗
大蝦尾……1 條 (切塊)
西洋芹……1 段 (切丁)
細香蔥……1 條 (切段)
檸檬汁……1 匙
蛋……1 顆
美式美乃滋……2 匙
無鹽奶油……2 匙
厚片土司……1 片
橄欖油……些許
鹽……些許
黑胡椒……些許

## ¤ 作法 /

〈大蝦米沙拉〉 (可前一天準備)

**1.** 先煮一杯的糙米。

**2.** 將一大鍋水煮滾,並加鹽及橄欖油,將大蝦放入後上蓋,大約煮 8-10 分鐘,直到大蝦呈紅色狀即可。

**3.** 大蝦放冷後,將蝦肉取出並切塊。

**4.** 拿一個大碗,將大蝦肉、芹菜切丁、細香蔥切丁、糙米半碗、檸檬汁及美乃滋攪拌均勻。

〈大蝦米沙拉厚片〉

**1.** 將蛋、1 匙鹽、1 匙奶油攪拌在碗裡,把厚片吐司均勻浸濕。

**2.** 起一平底鍋,塗上 1 匙奶油後,將厚片吐司放上,每面煎約 2 分鐘直到黃金色。

**3.** 將煎好的厚片折起,中間空隙放入大蝦米沙拉即可。

**By The Way**
大蝦口感接近龍蝦,算是小宅版的龍蝦。

# Dinner

晚餐

沉澱疲憊身心，下廚犒賞自己吧

晚

96

## Scallop & Clams Wine Bath
# 酒蒸干貝蛤蜊盅

干貝，是海鮮中的一塊寶。

只要去吃生魚片，這是我必點的美味，就連平常吃蛤蠣裡的小小干貝肉也不願放過。

還是模特兒的時候，愛吃如我，最開心接到與食物有關的廣告。

有一次，有個食品廣告要「吃干貝」，真是太棒的通告了，可遇不可求啊！

干貝吃到飽，又有錢可賺，那時候覺得老天爺對我真好。

開工時正好中午，桌上已經擺好滿滿的一盤干貝，又香又大顆。「我愛我的工作。」內心這麼想著。

第一個鏡頭開拍時，剛好覺得餓，開心滿足的連續吃了好幾顆，接著一兩個小時過去，拍到第 10 個鏡頭，我應該最少吃了 2、30 顆干貝。此時的我，真希望隨便吃點什麼別的都行，只要不是干貝就好！

自從那天收工之後，我已經有好長一陣子不敢再吃干貝了。

不論是多喜歡的東西，還是適度保留一點距離，才是最美的吧！

## ¤ 食材 / 一人份

干貝……4 粒
蛤蜊……10 幾顆
洋菇……3 顆（切片）
小番茄……6 顆
白酒……1/2 杯（200ml）
橄欖油……1 匙
奶油……1 匙
大蒜……3 瓣（切末）
海鹽……些許
黑胡椒……些許
檸檬……1 顆
蘿勒……1 把

## ¤ 作法 /

**1.** 先將蛤蜊洗淨並吐沙，用奶油 1 匙預熱平底鍋。

**2.** 待奶油融化後，在鍋中加入橄欖油 1 匙及蒜末拌炒，直到香氣出來。

**3.** 將干貝丟入，煎至表面金黃（3 分熟）後，加入 1/2 杯白酒。

**4.** 倒入蛤蜊、小番茄、洋菇，並蓋上鍋蓋燉煮 8 分鐘左右（中火）。

**5.** 打開鍋蓋，加入黑胡椒、鹽及奶油攪拌，關火，撒上蘿勒並擠入檸檬汁即可。

**By The Way**

可搭配白飯或麵包享用。

## Seasonal Beer Seafood Paella
# 季節啤酒海鮮飯

寫這篇文章的時候，剛好發生了一點不愉快的糾紛。

因為信任對方，而相信對方所說的承諾，但很多時候，沒有白紙黑字寫下的約定，最後都變成羅生門的各說各話。覺得無奈之餘，更是生氣自己，當時為什麼不堅持要寫下記錄。

平常不太容易生氣的我，對於自己因為這點小事，而情緒備受牽引感到意外。

「百病皆生於氣。」生氣絕對不是解決事情的一個好方式。但是，情緒總是需要處理，才不至於傷了自己。

難得發現自己的情緒面時，更是要往心裡想，該如何排解掉這樣不愉快的感覺？我試著先冷靜下來深呼吸，仔細想想這件事自己哪裡做錯了！

是因為信任人這件事做錯了嗎？這個理由想起來，都讓我覺得有點痛心。

這時，忽然想起以前經紀公司的老闆說過的一句話：「雖然給予信任常常會讓人受傷，但是還是要相信人，這樣才能活得快樂。」

原來，該調整的是自己，而不是那些破壞信任的人。

只是要做到優雅的控制情緒，還真的是需要很多修行，和不停反覆的練習。不管活到幾歲，鳥事永遠會不停的發生，能夠改變的，只有自己的態度跟應對。既然遇上了，就當作是個人生考驗，迎面的接受吧！

今天的大事，都會變成明天的小事、明年的故事。

覺得情緒快失控時，別忘了提醒自己，世界很大，事情很小，然後吃個海鮮飯，幫助情緒復原吧！

## ¤ 食材 / 一人份

蝦子……4 隻
蛤蜊……6 顆
小花枝……8 條
扇貝……4 顆
季節啤酒……1 杯
（便利商店可購買季節限定）
高湯……400ml
白米……2 杯
橄欖油……1 匙
大蒜……3 瓣（切末）
紅椒粉……2 大匙
海鹽……些許
黑胡椒……些許
洋蔥……1/2 顆（切絲）
檸檬汁……些許
青豆……些許
香菜……些許

## ¤ 作法 /

**1.** 先將蛤蜊、扇貝洗淨並吐沙，並將蝦子去腸，倒入橄欖油預熱平底鍋，加入蒜末和洋蔥絲，炒到出水。

**2.** 將生白米加入拌炒，並陸續加入 2 大匙紅椒粉及 200ml 高湯拌炒。

**3.** 再來將拌炒過後的米加入飛利浦智慧萬用鍋，並將海鮮及青豆鋪平在飯上。

**4.** 接著倒入啤酒及剩下的高湯，啤酒蓋過飯即可，選擇飛利浦智慧萬用鍋米飯功能煮 30 分鐘。

**5.** 30 分鐘後，再保溫 5 分鐘，排氣洩壓開鍋並攪拌一下，盛盤即可。

> By The Way

可搭配些許檸檬汁食用喔。

> By The Way

飛利浦智慧萬用鍋（HD2179）
製作海鮮飯時非常快速方便。

German Sour Cabbage Pot
# 德式酸菜肉片鍋

火鍋出現的次數，與氣溫成反比，與歡樂成正比。

有年中秋節，我跟姐妹們 6 人相約來家裡吃火鍋。

前一天大家興高采烈的討論著：「我帶海鮮」、「我帶紅白酒」、「我帶月餅」、「我帶飲料」……，至於最重要的鍋底，邵庭自告奮勇的說：「那火鍋我來買好了，那家的酸菜白肉鍋和麻辣鍋都很好吃喔！」

只是，邵庭有個買東西過量的毛病，很難正確拿捏精準，臨走前我還特意提醒：「我們只有 6 個人，大家都帶很多食物，這次不要又買太多了。」

「那我大概買 5-6 人份就好。」她大力點頭表示。

這次應該沒問題，不會再出現 10 人份的鍋底了。

隔天，大家各自帶了好多東西來，尤其是火鍋，更是吃得非常過癮，每個人都讚不絕口，直到再也吃不下任何東西，卻還有滿滿一大鍋火鍋料，我們才發現不對勁。

「火鍋店老闆也太大方，鴨血給超級多的！」一位姊妹興奮說著。

「這應該不只 5-6 人份吧！會不是會老闆給錯了？」我納悶著，眼神飄向邵庭。

「啊！我跟他點的是酸菜白肉跟麻辣鍋，各 5-6 人份的樣子。」邵庭一臉尷尬地說著。

「邵庭！妳又買太多了！」大家有志一同地大喊，最後相視而笑。

總是有這種迷糊時候，今夜姊妹們的火鍋是多一倍的份量，肚子填得飽飽，友情當然也是滿滿的啊！

## ¤ 食材 / 一人份

大白菜……1 顆
德國酸白菜……適量
（超市可買）
豬培根肉片……適量
五花肉片……適量
德國香腸……適量
德國白酒（Risleing）……
1 杯（200ml）
水……2 大杯（200ml）
洋菇……6 顆（切片）
高湯……400ml
迷你紅蘿蔔……3-4 條
（切段）
黑胡椒……些許
青豆……些許

## ¤ 作法 /

**1.** 先預熱平底鍋，乾煎德國香腸直到表面微焦。

**2.** 將大白菜切半後和德國香腸、肉片都置入鍋中。

**3.** 放入洋菇、紅蘿蔔、青豆，加入 1 杯白酒、高湯 400ml、水 2 大杯及酸白菜。

**4.** 關蓋並以中小火燉煮 15-20 分鐘即可。

By The Way

可搭配白飯或麵包食用，或持續保溫，繼續涮肉片也可。

晚

Beef Shank Tomatoes Stew
# 番茄慢燉牛腩鍋

成熟與稚氣最外顯的差別，就在於稚氣給人一種容易急躁和不安的感覺。

成熟富有內涵的人，總是能看來不疾不徐，動作談吐緩慢優雅。

我就是個標準的急性子，說話快、做事更是想到就立刻行動。這些年來，最大的人生課題，就是練習把自己的節奏放慢。

說話放慢，做事也多點思考，把緊湊的生活調整成緩慢舒服的節奏。

我自知不是什麼聰明的人，一旦急躁起來，更常把事情搞砸。

急著說出未經思考的話，更是常常無意傷害了別人。

開始練習慢之後，進而更深深地感受到，緩慢的空間裡，多了更多自己的聲音。

以前，總是小心翼翼的與別人相處，對於留白的對話也會容易感到不安。

現在，則常常提醒自己把生活步調放慢，說話放慢，多了更多的空間檢視每一句話。

放慢後，心的視野似乎更清晰，不安急躁的心，也就緩緩地變安靜了，就像做菜一樣，需要小火慢燉的料理，就是越急越煮不入味，有的事就是急不來。

料理是件非常療癒的事情，當我專心在料理上時，慢慢地專注手上的每個細節，好像全世界只剩下自己與自己，任何的煩心事忽然都不重要了。

## ¤ 食材 / 一人份

牛腩……3 條（切塊）
洋蔥……2 顆（切丁）
牛番茄……3 顆
濃縮番茄糊（罐裝）……
3 匙
紅蘿蔔……半顆（切丁）
馬鈴薯……1 顆（切丁）
高湯……400ml
紅酒……200ml
迷迭香……2 株（或乾燥）
黑胡椒……些許
海鹽……些許
橄欖油……些許
蔥……些許
大蒜胡椒粉……些許
奶油……些許
紅椒粉……些許

## ¤ 作法 /

**1.** 先將牛腩放入碗裡，加入適當大蒜胡椒粉調味。

**2.** 加入奶油及洋蔥丁預熱平底鍋，將牛腩、番茄糊、紅椒粉些許加入拌炒。

**3.** 在飛利浦智慧萬用鍋內加入拌炒過的牛腩、牛番茄 3 顆、紅蘿蔔、馬鈴薯、紅酒、高湯、迷迭香、些許海鹽和黑胡椒。

**4.** 按下飛利浦智慧萬用鍋牛肉／羊肉鍵，50 分鐘後即可食用。

By The Way

可將醬汁淋上白飯享用。

飛利浦智慧萬用鍋（HD2179）

燉煮牛腩鍋省時又快速。

Sherry Wine Infused Pork Stew
# 西班牙雪莉燉豬

西班牙對我而言，就像是夢一般的國度。

以前我的繪畫課老師，就是在西班牙學畫畫的。

每次上這堂課的時候，老師都會跟我們分享他在西班牙的生活情景。

我的老師是個「非常藝術家」的藝術家，散發著一種自由奔放的氣息，想做什麼就做什麼，擁有著源源不絕的夢幻想法。

他的畫，看不到任何一處規矩，畫面總是有種流動感，色彩真實又溫暖。

記得他有一張畫，呈現一望無盡的草原，草是及膝的高度，有著綠意盎然的那種綠，草原穿透著金黃色的陽光，好像看得見草被風吹起生動地搖曳著。

定眼一看，草原裡還躺著一個裸男，隱隱約約地看出他的身形，頭枕著手，閉上眼，舒服的與這片柔軟草原融為一體。

老師說，畫裡面的那個人，就是當時在西班牙的自己。當時只是想著真實感受大自然的美妙，就隨意的把衣服一脫，躺在草原上睡著了。

現在想起西班牙，都還能夠鮮明地想起那片草原，清晰到好像都聞到草的香氣，風還是柔軟地吹拂著那片草原，我知道那個地方就在那，一切都沒變過。

## ¤ 食材 / 一人份

梅花豬 / 無骨豬肩肉
（擇一）……1 條
迷你洋蔥……5 顆（切半）
西洋芹……2 株（切段）
迷你紅蘿蔔……5 顆
（切段）
高湯……400ml
奶油……1 匙
百里香……1 株（或乾燥）
雪莉酒 /XO（擇一）……
1 杯（100ml）
白酒……1 杯
迷迭香……1 株（或乾燥）
黑胡椒……些許
海鹽……些許
橄欖油……4 匙
大蒜胡椒粉……些許

## ¤ 作法 /

**1.** 先將豬肩肉均勻抹上大蒜胡椒粉，並以迷迭香和百里香調味。

**2.** 加入橄欖油些許、奶油些許預熱燉鍋，並將豬肉煎至金黃，約莫 30 分鐘。（過程中加入雪莉酒並讓酒精隨著煎豬肉過程蒸發）

**3.** 將洋蔥剝皮後切成 4 塊，加入迷你紅蘿蔔及西洋芹，均勻攪拌約莫 5 分鐘並加入高湯 400ml 燉煮 20 分鐘。

**4.** 鍋內加入白酒、些許海鹽及黑胡椒調味。燉煮約 20 分鐘並在過程中至少將豬肉翻一次面，食用時將豬肉切塊即可。

By The Way

可搭配白飯或烤餅食用（PITA）。

## Japanese Milk Miso Pot
# 牛奶味噌土手鍋

在日本住過一陣子，也交了一些日本朋友。

跟日本人相處是很舒服的，他們非常害怕給別人添麻煩，造就他們凡事都非常體貼細心的民族性。

唯一會讓我困惑的就是，他們都不喜歡直接說話。

你幾乎不會從他們口中聽到「不」這個字。

如果想拒絕對方的邀約，他們不會直接說：「沒空」，而會婉轉的說：「這個有點……（連有點如何都不一定會說完）。」問他們：「這個好吃嗎？」他們會答：「嗯，不難吃啊！」

對於渴望，表達方式也非常婉轉。

如果他們想跟喜歡的人告白，台詞會是「我想知道關於你的一切！」而不是直接說：「我想跟你交往。」

如果想跟對方求婚的話，當然也不會直接的說：「嫁給我吧！」而是說：「我希望，每天都能夠喝到你做的味噌湯。」簡直是偶像劇的台詞，好浪漫又不真實！

只是，對於直線條的我，恐怕無法理解。

如果有人跟我說他希望每天喝到我做的味噌湯，我一定聽不出來，他到底想幹嘛？只會認真地問他：「為什麼你每天都要喝味噌湯呢？」

## ▫ 食材 / 一人份

鮭魚……1 條（切塊）
雞胸肉……1 個（切塊）
青蔥……1 根（切段）
美白菇……1 珠
大白菜……1 顆（瓣）
萵苣……1 株
烏龍麵……1-2 包
（看個人份量）
味噌……2 大匙
牛奶……2 杯（400ml）
水……2-3 杯（400ml）
清酒 / 白酒（擇一）……
2 匙
日式醬油……1 大匙

## ▫ 作法 /

**1.** 先將鮭魚及雞胸切成塊狀、蔥切段、大白菜切片，再將味噌塗抹在鑄鐵鍋內側邊緣。

**2.** 在鍋裡加入白菜，沿著鍋子邊緣擺整齊，將烏龍麵擺中間。

**3.** 擺上鮭魚跟雞胸，並放入蔥及美人菇做區隔。

**4.** 鍋內加入水、牛奶，淋上清酒跟日式醬油，蓋鍋並以小火煮 15-20 分鐘即可。

By The Way

想吃更多青菜可燙萵苣，想吃海鮮可燙牡蠣。
（牡蠣與牛奶味非常的 match）

## Sausage & Veggie Pasta Stew
# 燉香腸時蔬短麵

有一次出外景，專程介紹一家牛肉麵，走進店裡，攝影師阿勳先去拍攝牛肉麵的成品畫面，我跟另一個主持人以薰在一旁隨意翻翻雜誌等待。

約莫過了 10 幾分鐘，製作人世傑興高采烈的跑出來說：「等一下的那個麵很不錯喔！」

「那他們有沒有家常麵？」愛吃的以薰一聽到美食，精神就來了，開心地問。

「咦！這我也不太確定耶？」製作人世傑搔搔頭。

「牛肉麵一定要用家常麵才好吃啦！」以薰露出行家才有的專業眼神。

「好！那我等等去問看看。」製作人再次走進廚房。

「為什麼一定要加長麵？妳怎麼知道那個麵到底有多長啊？吃起來應該沒差吧！」正在翻雜誌的我，忍不住發問。

一時之間，笑聲此起彼落，原來此「家常」非彼「加長」啦！搞了半天，鬧出大笑話。

從此，這個笑話被企劃瑭瑭拿去當作結交新朋友的開場白。

現在我只希望，看到這篇文章的人，不會覺得我腦袋進水！

不過，麵無論長短，煮起來都是好吃的！

## ¤ 食材 / 一人份

洋蔥 1/4 顆（切絲）
義大利風味辣香腸……
2 條（切片）
大蒜……1 顆（切片）
濃縮番茄糊（罐裝）……
1 杯
白豆（罐裝）……3 大匙
紅酒……1 杯（200ml）
芹菜……2 條（切段）
迷你紅蘿蔔……3 條
（切段）
高麗菜……1/3 顆
（切絲）
義大利短麵……3 杯
橄欖油……1 茶匙
黑胡椒……些許
海鹽……些許
蘿勒……些許
帕馬森起司……些許

## ¤ 作法 /

**1.** 先將熱水煮滾，加入義大利麵，煮約 10 分鐘後
起鍋，丟到冰水裡放置保持口感。

**2.** 起另一平底鍋，將義大利風味辣香腸切片後，
加入鍋裡拌炒約莫 5 分鐘，香腸會呈現褐色。

**3.** 在鍋裡加入大蒜再拌炒 1 分鐘後，倒入番茄糊、
紅酒持續拌炒 1-2 分鐘。

**4.** 將煮好的義大利麵鋪平於飛利浦智慧萬用鍋
裡，將拌炒後的香腸、芹菜、高麗菜、迷你紅
蘿蔔、白豆切碎倒入，用少許鹽及黑胡椒調味。

**5.** 選擇烹調煮粥功能煮 35 分鐘，完成後盛出，並
撒上蘿勒及帕馬森起司粉後即可享用。

> **By The Way**

可搭配麵包一起食用。

飛利浦智慧萬用鍋（HD2179）

製作義大利麵時非常快速方便。

## Mushroom & Asparagus Daily Fish
# 洋菇蘆筍悶燒魚

剛開始主持外景的時候，有一度吃到魚就覺得很有壓力。

倒不是因為吃膩了，而是太常吃到魚，而每吃一道魚都必須講出一種口感，味道絕對不是只有說出「好不好吃」、「喜不喜歡」這麼容易。

因為觀眾吃不到，所以只能靠主持人精準的形容出東西的口味，講出這道鮭魚有什麼特別之處，吃起來跟其他魚又有哪些不同。

如果是鱈魚的話，吃起來又會像是什麼，是偏細的魚肉呢？還是片狀的魚肉？如果是片狀的話，料理方式又會讓這塊魚肉，帶出什麼樣的不同風味？不同的料理方法，吃起來會讓魚肉偏乾還是多汁？有好一陣子，對於魚肉口感的形容，實在是讓我非常困擾。

就連回家看到餐桌上有魚，夾起魚肉的瞬間，都有種莫名的壓力。

不過，人生就是莫非定律，你永遠會不停遇上你最害怕的事情。

有天，發生一件讓我徹底崩潰的事，當天的外景菜色是一魚七吃。

天啊！平常要形容一道魚，都令我汗流浹背了，一魚七吃真的是極致的考驗。

我用盡畢生詞彙，盡力形容出每一道菜的口感，最後講得我都覺得鬼打牆、直冒汗，才終於結束那天的口感地獄。回到家後，久久還不能平復沮喪的心情！

只要害怕著，莫非定律就永遠不會放過你。

越是害怕，越要去正視它，當你克服了你所恐懼的，那條魚也跟著游得老遠了。

## ¤ 食材 / 一人份

洋蔥……1/2顆（切末）

洋菇……3 顆（切片）

大蒜……1 顆（切末）

白酒……1 杯（200ml）

魚高湯……400ml

鮮奶……400ml

蘆筍……4 根（切段）

迷你紅蘿蔔……4 顆
（切段）

白魚片……2 條（切塊）

小洋蔥……4 顆（切半）

麵粉……2 匙

奶油……些許

大蒜胡椒粉……些許

海鹽……些許

橄欖油……1 茶匙

帕馬森起司……些許

細香蔥……1 束

砂糖……1 匙

水……1 杯（200ml）

## ¤ 作法 /

**1.** 放入些許奶油預熱鑄鐵鍋，將洋蔥、洋菇、蒜末加入以小火拌炒，直到洋蔥出水後，加入白酒 200ml，煮沸等湯汁滾後，再加入魚高湯。

**2.** 待鍋內煮沸後，加入鮮奶 400ml 及麵粉 2 匙攪拌均勻，再以小火熬煮幾分鐘，放旁備用。

**3.** 另起一鍋用奶油預熱，將小洋蔥、迷你紅蘿蔔、蘆筍、放進鍋內後，倒入 1 杯水，蓋鍋煮 15 分鐘後起鍋瀝乾。

**4.** 將魚切片並用大蒜胡椒粉調味，將魚及煮好瀝乾的蔬菜，放入剛煮好的白酒醬汁，小火煮 15 分鐘直到水滾後，關火並撒上細蔥及鹽調味即可。

By The Way

可搭配麵包或白飯一起享用。

Vietnamese Grill Veggie Salad

# 越式烤蔬菜沙拉

身處台灣，有這麼多蔬菜可以吃，其實是件很幸福的事。

因為在日本，說起來是個菜比肉還貴的國家，可不是那麼容易吃到蔬菜呢！

所以在日本才會有這麼多治療便秘的成藥吧。

以前就常常被灌輸一定要多吃青菜的觀念，所以到了日本，有一陣子都沒有好好的吃到蔬菜，總覺得身體哪邊不太對勁。

後來，自己在宿舍開始料理三餐，覺得要吃得更健康點，就會買一些蔬菜回來煮點簡單小東西。

剛開始煮菜的時候，也不太會調味，想說最容易的應該就是燙青菜了。

那就先來煮個燙青菜好了，只要燙熟後，撒點胡椒，就很好吃了，簡單又健康。剛開始雖然覺得沒什麼味道，但是好像也還過得去，至少心裡覺得很舒服。

幾天下來發現，這道燙青菜實在是太健康了，我常說健康的東西總是不好吃，還是好想咬點什麼有味道的配菜，才能好好大口下飯啊。

只好打電話回台灣找媽媽求救：「要怎樣才能做出好吃的菜？」

雖然媽媽只說要加點少許的油和鹽，但沒有經驗的我，常常抓不好比例，總是會失敗個一陣子，才能稍微知道該怎麼酌量調味。

雖然現在已經可以做出一盤味道不太差的炒青菜，但很奇怪的是，就算我完全照著我媽的方法做菜，卻從來煮不出跟媽媽一模一樣的味道！

我想，家的味道，應該是最難以取代的吧！

## ¤ 食材 / 一人份

紅蔥頭……1 顆
櫛瓜……1 條
茄子……1 條
泰式辣椒醬……1 杯
大蒜……1 瓣
白醋……1 匙
糖……1 匙
魚露……1 茶匙
檸檬汁……些許
香菜……些許
薄荷葉……些許
橄欖油……些許

## ¤ 作法 /

**1.** 把水倒入小鍋內（約鍋內 1/3），開中火將白醋一匙、糖，煮滾直到糖完全溶解。

**2.** 關火，將紅蔥頭剝皮切碎，並將泰式酸辣醬、蒜末、魚露和檸檬汁倒入攪拌，冰入冰箱至少 30 分鐘。（可放 3 天）

**3.** 用橄欖油預熱平底鍋，將櫛瓜跟茄子切段，表層塗油並以鹽調味，用平底鍋煎至表面有烙痕、出水，放入較深的沙拉碗中。

**4.** 加入香菜、薄荷葉攪拌，並加入先前準備好的醬汁即可。

Shaskshuka Egg Risotto
# 地中海茄蛋燉飯

你對地中海是什麼印象呢？

雖然我沒去過地中海，但是卻很希望可以生活在那樣的氣氛裡。

藍色、白色，像火柴盒一樣的矮房子，層層堆疊出如夢境一般的迷人氣氛。

旅行的時候，偶而住到地中海風格的飯店，整個心情好像都加倍的放鬆了。地中海風格，有一種獨特的迷人特質，明亮又慵懶。

雖然只是簡單的白色、藍色交織，綴上一些自然元素，說來也不複雜。但是卻這麼輕易的讓人感覺置身在夢境中一般。

我雖然不是個太愛幻想的人，但是卻常常想像著能夠生活在海邊，住在一個地中海風格的屋子裡，白天屋內總是灑落著奢侈的陽光，裡面佈置著好多從海邊撿來的貝殼，聞起來有海的氣息。

房子裡有張藍色沙發，和一張白色的大床，客廳空地上有一組沾滿顏料的大型畫架，旁邊擺著一組用了好多年的油畫箱子和畫具們。

堆在牆邊的是大大小小滿滿的畫布，有的已經完成了，有的雖然是半成品，但我也從來不需要著急作品的完成。

想畫畫的時候，就醉心的畫畫；想看海，就走到外頭看看海；想發懶就窩到沙發上。

背景音樂是海浪的聲音，偶而自己做做料理、做做甜點。

看著橘紅色的太陽落在海中，接著亮起的是滿天星空，光是想起來都覺得太美好。

這是我夢想中的生活，你的又是什麼呢？

說到星空，好像真的好久沒看到星空了！

## ¤ 食材 / 一人份

洋蔥……1/2 顆（切丁）

紅椒……1/2 顆（切丁）

番茄……2 顆（切丁）

義式番茄醬……1 罐

紅辣椒粉……1 茶匙

小茴香粉……1 茶匙

通心粉 / 燉飯米
（擇一）……2 大碗

帕馬森起司……些許

橄欖油……1 匙

大蒜……1 瓣（切末）

海鹽……些許

黑胡椒……些許

糖……1 茶匙

蛋……3 顆

香菜……些許

## ¤ 作法 /

〈燉飯〉（參考午餐燉飯作法 - 可事先做好）

〈通心粉〉

**1.** 鍋中加入 2 匙橄欖油及些許鹽，煮透，用冰水
冰鎮。

〈地中海茄蛋燉飯〉

**1.** 先以橄欖油預熱平底鍋，加入洋蔥拌炒 5 分鐘
後，再加入蒜末、紅椒，用中火炒 5-7 分鐘直
到紅椒軟化。

**2.** 將番茄丁、義式番茄醬整罐、紅辣椒粉、小茴
香粉及糖加入，以鹽和黑胡椒調味，調至中火
並讓它慢滾，直到醬汁開始收乾。

**3.** 加入兩碗事先準備的通心粉或燉飯米至醬汁
裡，持續攪拌並依個人喜好調味，在醬汁中間
挖三個大洞並把蛋打入洞中。

**4.** 蓋鍋讓它慢慢滾 10-15 分鐘直到蛋熟為止，撒
上一些香菜裝飾即可。

PART 2

{ 小宅的野餐 }

（單人遠足料理）

Strawberry Caprese
# 草莓油醋拌起司

紅通通的美麗外型，一口咬下，酸甜滋味瞬間襲上舌尖，彷彿重溫少女情懷的夢幻滋味，我想，應該很少有人能夠真正的討厭草莓吧！

每年冬天，讓我最期待的事情，除了穿上溫暖的冬衣之外，應該就是吃到又香又甜的草莓了！

尤其是年節的時候，返回雲林老家一起過年，住在苗栗的阿姨，會從大湖摘好多草莓當作伴手禮回來團圓，這個傳統維持了好多年都沒有變過。所以，吃到草莓的時候，常常都是全家人的團聚時刻。

團圓飯後，大家一邊吃著草莓，一邊泡茶聊天，開心地分享著這一年彼此的生活。因此，草莓對我而言，代表著團圓的感覺。

記得在日本唸書的時候，剛好也是草莓產季。因為氣候關係，日本種出來的草莓真的是又大又甜，完全沒有任何一點酸味。這麼優質的日本草莓，對於住在台灣的我，可是相當不容易吃到的！所以一到日本，幾乎每天都要到超市買一盒草莓，開心地帶回宿舍，一個人慢慢地享用。

雖然能夠獨自享有一整盒草莓，是件極度幸福的事，但人在他鄉為異客，思鄉情緒不免翻湧而上，草莓總是讓我想起和家人團聚的時光，想起和他們一起待在雲林老家的客廳，開心的團圓著……。

## ¤ 食材 / 一人份

草莓……5 顆

青蘋果……1 顆

莫扎瑞拉起司……1 塊
（球狀）

義大利油醋……些許

薄荷……3 瓣

核桃……些許

萵苣……5 瓣（切碎）

橄欖油……些許

黑胡椒……些許

## ¤ 作法 /

**1.** 先將青蘋果、莫扎瑞拉起司用圓湯匙挖成球狀，將核桃搗碎、萵苣切碎。

**2.** 將萵苣、核桃、起司球放入沙拉碗裡並用些許橄欖油攪拌。

**3.** 將草莓及青蘋果放入碗中，並用些許義大利油醋攪拌。

**4.** 最後撒上薄荷葉、黑胡椒即可。

French Toast in Jar
# 法式吐司玻璃罐

孩子擁有玻璃罐，就好像擁有了一個寶藏盒一樣，裡面總是會裝著自己最心愛的東西！我第一個收到的玻璃罐，是小學的時候，同學送的生日禮物，那時候喜歡折星星，一條條彩色的紙折成的星星。

玻璃瓶裡裝滿了好多顏色七彩繽紛的紙星星，每顆星星有著不同的香味，我很珍惜，常常會打開細細地把玩這些美麗的星星們，只要看著在玻璃瓶裡的彩色星星，就覺得好開心，記得我還特地整理了書櫃上的一個空間好好地擺放它，每天回家看到這個玻璃瓶，就好像是個寶物一般，在書櫃上閃閃發亮著。

時間久了，那個裝滿寶藏的玻璃瓶上開始積了灰塵，我也越來越忙碌，必須在意的事情越來越多，工作和生活佔據了整個人，時常不在家，回家又有做不完的待辦事項，也漸漸的忘了玻璃瓶的存在。

直到有一天，我必須清空房間的東西，看到了這個玻璃瓶，但是它已經被灰塵佔據，不再閃閃發亮了，不知道為什麼，我突然覺得愧疚，曾經我也小心翼翼的寶貝著這麼小的事情，現在卻已經忘記了我的寶藏，忘記自己曾經也是個孩子。

「問題不在於長大，而在於你忘了曾經自己是個小孩子。」
——小王子

¤ **食材** / 一人份

吐司……3 片
蛋……2 顆
奶油……些許
巧克力醬……些許
糖粉……些許

¤ **作法** /

**1.** 將 3 片吐司切邊後，壓扁或桿平，並把蛋液打散備用。

**2.** 將巧克力醬均勻塗滿吐司，捲起吐司並浸入蛋液裡，讓蛋液裹滿吐司。

**3.** 用奶油預熱平底鍋，將吐司放入，煎至每面金黃即可起鍋，最後撒上糖粉就完成。

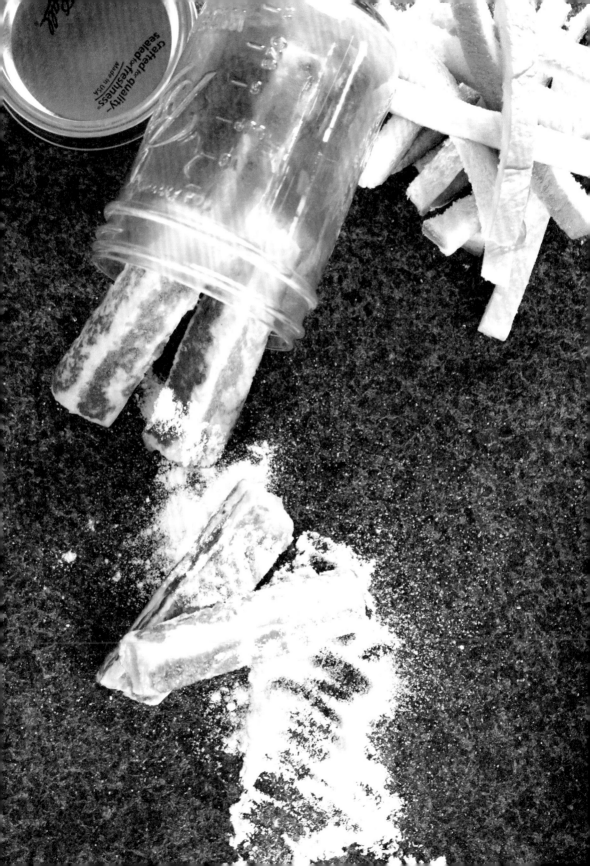

Picnic Sandwiches Bar
# 野餐彩繪吐司盤

關於野餐的經驗，應該算是屈指可數，不過卻都印象深刻。

小時候曾經有過一個過度浪漫的初戀男友，常常嚷嚷著要帶我去野餐。

雖說是要野餐，但其實只是兩個人去便利商店，買了飯糰和飲料，然後在公園長椅上坐著，把飯糰吃完就回家了。

那個時候，可能年紀還小，也不太懂野餐到底是怎麼一回事，只知道野餐好像就是要在公園吃東西。（笑）

後來到日本唸書，日本朋友常常熱情的邀約大家一起去野餐。一開始，只是讓我回想起當初在公園長椅上，吃完飯糰就回家的記憶，雖然大家告訴我野餐非常有趣，但那時總是興致缺缺，沒有立刻答應。

後來快離開日本之前，常常跟大家聚在一起的我，終於加入了日式野餐的行列。這次地點選在著名的代代木公園。野餐之前，我還認真做了三明治，一到現場才發現，真正的野餐跟我想的完全不同，每個人都非常用心地準備了好多食物和酒，翠綠色的草地上，鋪上兩大張野餐墊，有人帶了音響，放著輕快的音樂當背景，一切是那麼愜意自在。

我們一群十幾個人，有日本人、美國人、大陸人，當然還有我這個台灣人，大家不時用日文、中文、英文交談著，簡直像個小聯合國。大家開心的聊著天，喝著酒，吃著零嘴，爽朗的笑著！

涼涼的微風吹拂著臉龐，用力呼吸就能聞到草的香氣，就像電影裡會出現的場景似的，這一刻我突然愛上野餐。

直到天色變暗，我們才依依不捨地回家，原來野餐是件這麼美好的事情！好希望有天也能夠重溫這麼棒的野餐經驗。

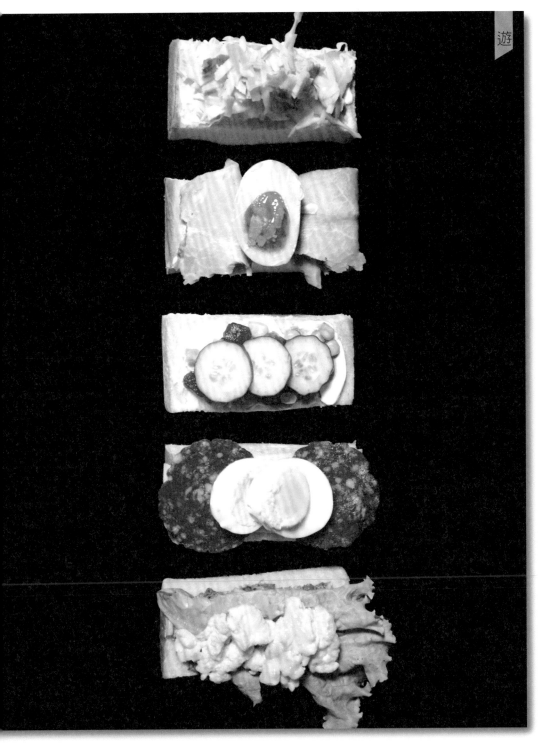

## ¤ 食材 / 一人份

厚片吐司……2 片
蛋……3 顆
溏心蛋……1/2 顆
番茄……1/2 顆（切丁）
萵苣……1/4 顆（切片）
高麗菜……1/4 顆
（切細絲）
黃瓜……1/2 條（切片）
玉米罐頭……2 匙
臘腸……3 片
里肌火腿……2 片
（市售可直接食用）
綜合起司絲……些許
瑞士起司片……1/2 片
美乃滋……些許
奶油起司醬……些許
（市售）
青醬……些許
（參考之前作法）
奶油紅椒醬……些許
（參考之前作法）
黑胡椒……些許
鹽……些許

## ¤ 作法 /

**1.** 先用奶油預熱平底鍋，將 2 顆蛋液打散至鍋內拌炒，用些許黑胡椒及鹽調味。

**2.** 將玉米及番茄均勻攪拌。

**3.** 將水煮滾並煮水煮蛋，等蛋熟後切片備用。

〈五種吃法〉

Ⓐ 吐司＋青醬＋萵苣＋炒蛋

Ⓑ 吐司＋美乃滋＋玉米番茄＋黃瓜

Ⓒ 吐司＋奶油紅椒醬＋瑞士起司片＋臘腸＋蛋片

Ⓓ 吐司＋奶油起司醬＋里肌火腿＋溏心蛋

Ⓔ 吐司＋奶油起司醬＋高麗菜＋里肌火腿＋綜合起司絲

Beef Sesame Marinated Salad
# 涮牛肉芝麻沙拉

「各位朋友，現在我手上的這條牛肉串，真的非常好吃啊！」
一開始主持外景節目，什麼都不太懂，不懂得該怎麼精準的形容食物的口感，用詞也相對匱乏。

面對鏡頭的時候，更是非常容易緊張（現在偶而也還是會緊張），現在再回頭看看以前的作品，都會害羞的想找個洞鑽進去。

生澀時期的外景主持經歷，發生過一件讓我非常難忘的糗事。那天介紹一家火鍋店，它的招牌是豬肉片，節目開拍後，我拿起豬肉片對鏡頭說：「這個豬肉片應該就是要跟牛肉一樣，涮到三分熟，吃起來就會非常嫩吧！」

說完開心的夾入鍋裡涮，拿起來立刻放入嘴裡，這時，節目企劃激動地大喊：「蓁蓁！不要吃！！！」

我還不曉得發生了什麼事：「怎麼了嗎？」

她說：「豬肉片要涮熟才能吃啦！不然會有細菌啦！」

從此，我才曉得原來豬肉一定要吃全熟的，雖然現在想起來實在好笑，但沒關係，長知識永遠不嫌晚嘛！（哈哈）

朋友們常常說，我這個生活天兵能好好活到現在，實在是擁有太多好運了！你說是不是呢？

## ▯ 食材 / 一人份

牛肉片……4 片
秋葵……1 條（切片）
紅蘿蔔……1/4 條（切片）
生菜類……些許
（依個人喜好）
溏心蛋……1 顆
糙米飯……1/2 碗
白芝麻……些許
鹽……些許
日式芝麻醬……適量
（市售）

## ▯ 作法 /

〈準備〉

**1.** 用電鍋煮半杯糙米，待糙米飯熟後放旁備用。

〈涮牛肉芝麻沙拉〉

**1.** 先煮滾一鍋水，汆燙牛肉片，待牛肉片熟後取出，並撒上白芝麻。

**2.** 起另一鍋滾水，加入一些鹽，並將秋葵及紅蘿蔔燙熟。

**3.** 在玻璃罐依序加入日式芝麻醬、1/2 碗糙米、牛肉、秋葵、紅蘿蔔、溏心蛋（切半）、生菜即可享用。

不愛歐巴也能吃

Korean Style Warm Salad
# 韓風豬肉溫沙拉

千頌伊：「下雪了，怎麼能沒有炸雞和啤酒？」

都敏俊：「喜歡的女人 Style，沒有。討厭的女人 Style，有。喝得爛醉的女人！」

近年來正流行的韓風，我倒是沒有受到太大的感染。

基本上，我還是一個非常日系的人，而且金牛座對喜歡的事物很難動搖。

現正流行的韓劇，我也只陪媽媽看過一部《來自星星的你》，其他我根本一點都不熟，也完全提不起想看的欲望。

所以，當朋友聊起哪個歐巴顏值很高時，我只能默默夾起泡菜。

不愛韓劇，我倒是蠻喜歡韓國菜。

在日本唸書的時候，有天放學，韓國同學熱情的邀約大家吃韓國烤肉。我們去的那家烤肉店，食材不直接碰到炭火，從水晶盤下加熱，即使不直接碰到火，也可以快速地把肉烤熟，健康又方便，新奇的烤肉方式讓我大開眼界。

韓國烤肉可說「無肉不歡」，跟一般燒肉店最大的不同，在於不是使用肉片，而是又厚又大的肉塊，一口咬下，肉汁滿溢，真的有種大口吃肉、大塊喝酒的過癮！

我想，每件事都有喜歡跟不喜歡的地方，沒有對錯，開心自在就好。

這次韓國烤肉，雖然讓我重新認識韓式美食，但我真的……還是好想贏韓國啊！

154

## ◻ 食材 / 一人份

油豆腐……3 塊
白蘿蔔……1/2 條（切片）
韓式泡菜……4 匙（市售）
豬培根肉片……4 片
韓式辣醬……4 匙
芝麻葉……些許
橄欖油……些許

## ◻ 作法 /

**1.** 先煮滾一鍋水，放入油豆腐煮熟後放涼，置於旁邊備用。

**2.** 加入些許橄欖油預熱平底鍋，並將豬肉、泡菜丟下去拌炒。

**3.** 將白蘿蔔切片，用剩下的韓式泡菜醬汁做浸泡。

**4.** 在玻璃罐依序加入韓式辣醬 4 匙、油豆腐 3 塊、韓式泡菜 4 匙、豬培根肉片 4 片、白蘿蔔 1/2 條、芝麻葉填滿至瓶口即可。

By The Way

玻璃罐料理需填滿、密封，較易保存。

Baked Meat Sauces Pasta in Jar

# 焗烤肉醬螺旋麵

我不像一般上班族有固定休假日，一忙起來，常常是天荒地老，日子過到不曉得是哪一天，也忘記節慶即將到來。

說到節慶，一年當中，最喜歡的就是聖誕節！

聖誕節的溫暖歡樂氣氛，讓世界好像變成巨大版的迪士尼樂園，家人好友們圍繞在一塊，開心的吃著東西，爽朗的笑著，好似煩惱被氣球吹得好遠好遠。

在冷冷的冬天裡，過聖誕節真的是再幸福不過的事。

今年，我的日子過得特別的快，因為被工作滿滿的佔據，時間不知道什麼時候偷偷流光了。

除了工作之外，整個夏天都還沒有機會去海邊。

不知不覺，天氣變涼，定眼下來好好看看日子，原來秋天快過完了，有種哀戚的心情。

每天出門，都會經過住家附近的聖誕節飾品專賣店，有趣的是，那間飾品店每年只在聖誕節的前兩個月營業，其餘時間都是大門深鎖。

最近經過那家店時，竟然已經悄悄的開幕了！啊，原來聖誕節快要到了。整間店都是閃閃發亮的聖誕飾品，心裡不自覺溫暖起來，已經開始期待著今年的交換禮物，以及像是焗烤肉醬螺旋麵一樣，散發著濃濃氣息的節慶氛圍，讓人不禁隨著「White Christmas」應景音樂開始旋轉……。

謝謝聖誕節專賣店，總是提醒忙碌的我，不要忘記聖誕節。

掛滿鈴鐺的溫馨聖誕夜，似乎很適合吃碗肉醬麵，你說是嗎？

## ▫ 食材 / 一人份

牛腩肉……1 條（切丁）

義大利麵（螺旋及通心）……
2 杯

青豆……些許

玉米……些許

紅蘿蔔……1/4 條（切丁）

芹菜……2 條（切丁）

番茄……1/2 顆（切丁）

洋蔥……1/4 顆（切末）

大蒜……2 瓣（切末）

義式番茄糊……4 大匙
（市售）

橄欖油……2 匙

黑胡椒……些許

鹽……些許

綜合起司絲……些許

## ▫ 作法 /

**1.** 用 1 匙橄欖油預熱平底鍋，將大蒜及洋蔥加入
拌炒。

**2.** 將牛腩加入，拌炒至 6 分熟後，加入義式番茄
糊 4 大匙，持續拌炒至 7 分熟，加入些許黑胡
椒調味。

**3.** 另起一鍋熱水，汆燙青豆、玉米、紅蘿蔔、芹
菜，用些許鹽調味，煮熟後撈起，瀝乾備用。

**4.** 另起一鍋熱水，加入 1 匙橄欖油及鹽，將義大
利麵煮熟後，撈起放入冷水裡保持 Q 彈。

**5.** 將義大利麵、汆燙蔬菜、義式番茄糊、牛腩、
綜合起司絲依序填滿至瓶口。

**6.** 預熱烤箱至 180 度，將玻璃罐放入烤 5-8 分鐘
直到起司融化即可。

## Grill Ribeye with Slow Cooked Vegetables RiceRoll
# 烤牛肋蔬菜飯糰

最近常吃的早點，是便利商店的飯糰。

因為早上趕工的關係，來不及好好買個正常的早餐，所以養成了吃便利商店的習慣。

若是正逢夏季，飯糰真是個清爽又有飽足感的選項。

每次朋友聽到我總是吃便利商店早餐，不知道為什麼都會流露出一種關懷的眼神。

但是，其實我還蠻喜歡在便利商店解決早餐，一來不用在傳統早餐店大排長龍，二來還可以喝到一杯不太難喝的咖啡（早餐店的咖啡總是過甜），快速有效率的搞定一頓簡單早餐，是趕時間的旅人，必備的生活條件。

而且仔細想想，如果忽然想吃飯糰的話，除了便利商店之外，一時之間還真想不到哪裡能夠吃得到飯糰呢。

當然還有另一個好辦法，想吃，就自己在家做一個吧！

## ◻ 食材 / 一人份

牛肋排……1 塊（切片）
萵苣……2 片
（可依喜好調整）
小豆苗……些許
白飯……1/2 碗
大蒜胡椒粉（市售）
糙米飯……1/2 碗
奶油紅椒醬……1 匙
（參考之前作法）
大片海苔片……1 片
奶油……些許

## ◻ 作法 /

**1.** 先將半杯白米及半杯糙米用電鍋煮熟並放涼。

**2.** 用些許奶油預熱平底鍋，以大蒜胡椒粉將牛肋排兩邊裹滿，並煎至 7 分熟後，離火冷卻牛肋排，讓肉汁跟血水吸回，再放回平底鍋煎 1 分鐘即可。

**3.** 將牛肋排斜切片狀，在保鮮膜上放 1 片海苔片，依序平舖 1 匙放涼米、萵苣、牛肋排、小豆苗，並加入 1 匙奶油紅椒醬，再平舖 1 匙放涼米。

**4.** 將海苔片左右兩面對折後，再上下兩面對折，並以保鮮膜做調整，要用力握緊，避免飯糰散開。

By The Way ▶ 奶油紅椒醬

可依之前食譜先準備好，有教如何用飛利浦廚神料理機打奶油紅椒醬。

# Bacon Wrapped Mozzarella Cheese Sticks
# 莫扎瑞拉培根捲

起司條，似乎背負著某種汙名。

每次，只要在餐廳點起司條，都會被朋友笑說是個幼稚的食物。

到底哪裡幼稚了，為什麼大人就不能喜歡起司條呢？

難道是炸物，讓人有種幼稚感嗎？這麼說來，鹹酥雞最幼稚。（啊，說這句話的我，也幼稚，但是管他的）

不管什麼年紀，心裡都有個小孩，有時候就是會忽然飛出：「現在好想吃起司條」的欲望。但一時之間，還真是不知道該上哪裡才吃的到。所以，為了餵飽心中的孩子，我都會在家裡的冷凍庫擺上一包起司條，以解嘴饞。

自己在家看電影的時候吃，有點小餓的時候吃；朋友到家裡小酌，也非常適合下酒。只要把起司條包上培根，再放入烤箱稍微烤一下，立刻變成一道，在餐廳才會出現的創意時尚料理，招待朋友非常體面呢！

不說，還真不知道，那是小家子氣的起司條。

看事情也是這樣，事情本身是中立的，唯一會變的，是我們對它的看法。

說起司條幼稚的，請看看這道菜。

## ¤ 食材 / 一人份

莫扎瑞拉起司條……
6 條（市售）
豬肉培根……6 片（市售）
橄欖油……些許

## ¤ 作法 /

**1.** 先將莫扎瑞拉起司條捲進培根裡。

**2.** 用些許橄欖油預熱平底鍋，並將莫扎瑞拉培根捲煎至表面酥脆。

**3.** 翻面一兩次，直到莫扎瑞拉起司條軟化，即可起鍋裝盤。

## Mac & Cheese Pop
# 通心粉起司球球

「今天外出吃飯囉,把通心麵給我端上桌!」

我家是標準的中式伙食,過去餐桌上,從未出現過通心粉這道料理,出外念大學以前,三餐幾乎都是在家解決,很少有例外,每次吃到通心粉,一定都是外出吃飯。

因此,通心粉對我而言,就是一種外出食物的感覺。

不過,後來出門在外,總會遇到一個人開伙的時候。這時候,我就想起媽媽常常說的:「人少吃飯,煮飯才是最麻煩的!」以中式餐點來說,果真所言不假,執行上確實也是如此,要炒出一人份的苦瓜鹹蛋或是三杯雞,真的是太為難人了!

所以,像是通心粉這樣的西式料理,對於單人餐而言,實在是太合適不過。除了可以煮熟後加上醬汁,變成一道美味主食,通心粉加入起司,再稍微炸過,更是搖身一變成一道可口小點心。

因為有澱粉的關係,吃起來非常有飽足感,解決小餓或當零嘴,都是個很棒的選擇,連我自己都百吃不膩呢!

## ¤ 食材 / 一人份

通心粉……2 杯
奶油……2 匙
麵粉……2 匙
起司……1 杯
（200-300ml）
橄欖油……些許
牛奶……3/4 杯
Ⓐ 蛋液……2 顆
Ⓑ 麵粉……1 碗
（一人份的量）

Ⓒ 麵包粉……1 碗
（一人份的量）

## ¤ 作法 /

**1.** 煮一鍋熱水，加入些許橄欖油，將通心粉煮熟。

**2.** 再起另一鍋，加入奶油 2 匙、麵粉 2 匙、起司 1 杯攪拌均勻。

**3.** 倒入通心粉持續攪拌，直到起司全部溶化，即可起鍋裝盤並放冷。

**4.** 將冷卻的通心粉起司用冰淇淋勺挖起，並揉成球狀，將通心粉球依序沾上Ⓑ→Ⓐ→Ⓒ→Ⓐ，持續裹滿直到有 8-10 顆左右。

**5.** 預熱烤箱 180 度，放入通心粉起司球 10-15 分鐘即可取出享用。

Assorted Taco Picnic
# 墨西哥風野餐捲

很想寫點有關墨西哥的一些事，上網查了一下資料，墨西哥有三大特產：仙人掌、金字塔、草帽。

然而，翻絞大量的腦汁，我還是只能想到熱情跟嘉年華。

可能寫了太多篇文章後，腦力已用盡了吧，我對著電腦發呆許久，彷彿被打上千千萬萬的結，還是沒有其他想法。

坐在電腦前困擾的時候，正好跳出一位藝術家朋友，和我分享音樂的訊息。我忽然想起，好像喜歡音樂的人，似乎都很嚮往中南美洲。

於是，就問了他：「對於墨西哥有什麼想法？」

「熱情和犯罪！刺激舌尖的犯罪，總在火辣熱情之後。」

「酷！我喜歡你下的這個標題，那墨西哥捲餅呢？」

「餅皮像墨西哥的沙漠，中間的蔬菜像沙漠中的仙人掌，至於辣醬，當然是沙漠頭頂的紅紅烈陽！」

我的藝術家朋友，你也太會形容了吧！

聽完充滿色香味的對話，我都想馬上來份墨西哥捲餅了！

踏著狂熱的拉丁舞步，戴上濃濃民俗風的大草帽，一起動手做墨西哥風味餐捲吧！

◻ **食材** / 一人份　　　　　　　◻ **作法** /

牛肋排……1塊（切片）

墨西哥玉米餅……4吋

（市售，自行裁切）

高麗菜……些許（切絲）

洋蔥……些許（切丁）

小豆苗……些許

香菜……些許

玉米……些許

墨西哥辣椒……些許

墨西哥沙薩醬……些許

綜合起司絲……些許

橄欖油……些許

176

**1.** 用些許奶油預熱平底鍋，將牛肋排煎至7分熟後，離火冷卻牛肋排，讓肉汁跟血水吸回，再放回平底鍋煎1分鐘即可。

**2.** 用些許橄欖油煎墨西哥玉米餅，至表面酥酥脆脆的即可。

**3.** 將牛肋排斜切片狀，搭配墨西哥玉米餅及配料享用。

〈三種吃法〉

Ⓐ 墨西哥玉米餅4吋＋牛肋排＋高麗菜＋香菜

Ⓑ 墨西哥玉米餅4吋＋牛肋排＋玉米＋墨西哥辣椒＋香菜

Ⓒ 墨西哥玉米餅4吋＋牛肋排＋小豆苗＋綜合起司絲＋香菜

PART 3

# 小宅食補

（單人養生料理）

# 蘿蔔白雪盅

不管是男是女、目的為何，一定都曾經閃過「運動」的念頭吧！

最近看到身邊女性朋友開始迷戀跑馬拉松，或是上健身房等等，雖然我不是什麼易胖體質，也沒什麼特別的減肥需求，但對於都不運動這件事，在心底深處其實有一股莫名的罪惡感，總覺得沒有好好對待身體似的！

所以偶而也會想：「好，從今天起就來運動吧！」

那麼，就從最容易上手的運動開始，先來跑個步。早睡早起的我，有一陣子還加入了公園老人晨跑的行列。

早晨跑步，迎風流汗的感覺真好，晨間空氣好像特別清新香甜，一趟下來，好像身心都被洗滌了一樣。

但因為後來工作時間不定的關係，作息也不太正常，晨跑習慣沒有持續多久，不過心裡一直還是掛心著運動這件事。

後來，有個朋友新開了家健身房，邀請我跟好友們一起去運動，我心想：「太好了，有人陪伴，應該就會很有動力持續運動了吧！」

去了幾次後，必須承認我實在沒有辦法喜歡健身房的氣氛，人多的地方，讓我感覺不自在，總提不起「好想去健身」的念頭，所以後來也就作罷了！

本著凡事不勉強自己為最高原則，運動當然也是如此，最後對於運動的妥協是，在某些月亮高掛的涼爽夜晚，到公園聽音樂、跑跑步囉。

¤ **食材** / 一人份

白蘿蔔……1 條約 500g
（切塊）

豆腐……200g（切塊）
青菜……200g（切段）
薑……些許（切片）
鹽……些許
雞精粉……些許
蔥花……些許

¤ **作法** /

**1.** 將食材洗淨後，蘿蔔去皮切成
塊狀、豆腐切塊、青菜切段，
在鍋中放入薑片。

**2.** 煮一鍋熱水，待水沸騰後放入蘿蔔，煮至半熟
後放入豆腐、青菜一起煮，再加入鹽、雞精粉、
蔥花等調味即可享用。

**By The Way**

想要健康減脂嗎？今晚來碗蘿蔔白雪盅吧！

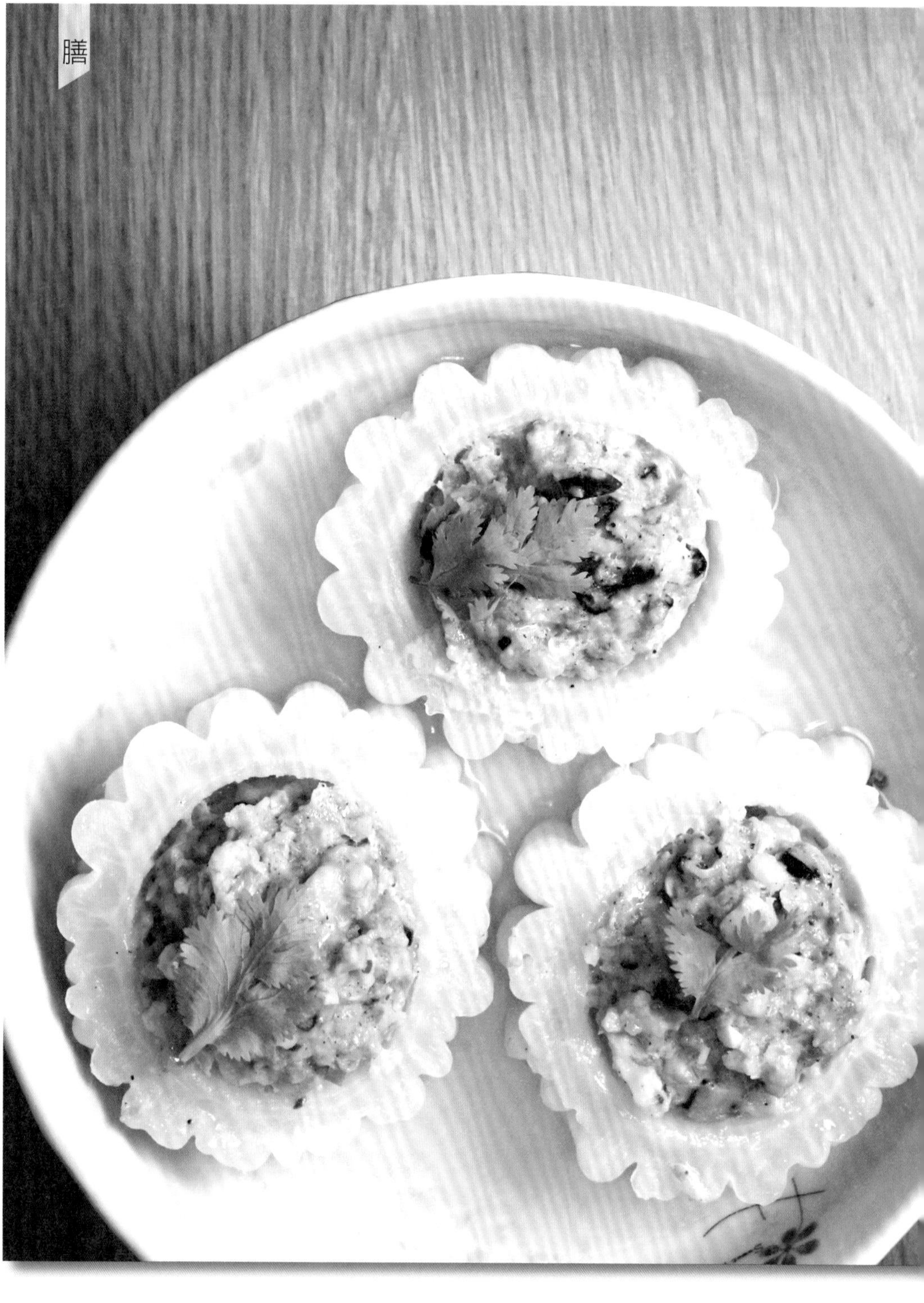

# 苦瓜豬肉盅

我覺得我越來越能吃苦了。

小時候可能連苦瓜的苦都承受不住，但是現在，面臨再大的人生苦難，都還是一一的平安度過了。

以前拍戲的時候，遇到自己演不好，會壓力大到無法控制，甚至在現場崩潰大哭。如今面臨工作壓力，已經能緩慢地調整好情緒，讓自己穩定下來。

「功夫夠深，苦瓜也能嘗到甘甜。」每一個適應社會的反應，其實都是壓力和經驗所激發出來的。

以前經紀人鈺鳳姐曾經說過：「沒有一種經驗會是無用的！」因此，就算現在辛苦得想掉淚，難過得想逃離世界，沮喪得不能說話，都要深深記住任何一種當下的感受，讓這些感受成為自己成長的養分，相信苦澀終會換來甜美。

《藍色大門》有句經典台詞：「這個夏天，雖然好像什麼都沒做過就過去了。但是總是會留下一些什麼吧，留下了什麼，我們就會變成什麼樣的大人。」

這句話不管是在什麼時候聽，都還會觸動到心靈深處，提醒著我，吃了苦不要緊，最重要的是留下了些什麼。

現在留下的，是喜歡吃苦瓜的我！

## ¤ 食材 / 一人份

苦瓜……1 根（切段）
豬肉……250g
香菇……4 朵
蝦……100g
雞蛋……2 顆
鹽……些許
蔥……些許
蒜……些許
芝麻油……些許

## ¤ 作法 /

**1.** 將苦瓜洗淨後去瓤切段，將豬肉、蝦、蔥、蒜一起剁碎打成泥，倒入打好的蛋液，用些許鹽調味後，將餡放入苦瓜中心。

**2.** 將苦瓜放入盤中，上蒸鍋蒸熟，起鍋後加入芝麻油，撒上蔥花便可食用。

> **By The Way**
> 預防嘴唇乾裂，就從「吃苦」開始。

吃到一顆不剩

# 土豆豬蹄煲

每次媽媽問我：「今天有沒有什麼特別想吃的啊？」

我都會說：「有荷包蛋或土豆就好。」

並不是怕媽媽煮飯麻煩，而是這些簡單美味，真的是我最喜歡吃的菜色！

所以，她常常打趣說，以後娶到我的人真輕鬆，都不用帶我吃什麼大餐，很容易就能養活我呢！

其實就連過年也是，尤其我爸長年吃素，家裡餐桌上不太會出現什麼龍蝦、海鮮，一年四季的飯菜輪轉，可以說都是非常清淡簡雅，好似潑墨上的一幅畫，淡而有味，雅而不俗。

味道是有記憶的，這些看似簡單的菜色，在我心裡一直是無可取代的美味。

我很喜歡吃煮得軟爛入味的土豆，就像土豆麵筋罐頭裡面的那種，每次我都會把土豆挑著吃光光，最後只留下一盒滿滿的麵筋。這時，媽咪就會搖頭念我：「妳也留一點土豆給我們配麵筋嘛！」

後來每次吃到土豆的時候，就會想起在家裡的餐桌時光，升起一股暖暖的幸福感。

主持了旅遊節目，一路吃了不少美食，但要問我最好吃的是什麼，只要有碗白飯，能夠配著土豆或荷包蛋，就是記憶中最美好的味道了！

¤ 食材 / 一人份

豬蹄……1 隻
花生仁……50g
鹽……些許
薑……些許
蔥……些許
米酒……些許

¤ 作法 /

1. 將蔥切段、薑切片、豬蹄剁塊，汆燙撇淨血水後備用。

2. 將豬蹄塊、花生仁、薑片、蔥段放入飛利浦氣鍋醇湯煲，於水鍋注入適量的水，選擇鹹湯品功能煮兩個小時左右，直到湯略濃稠後，再加鹽調味即可。

By The Way

土豆豬蹄煲，讓妳的子宮不畏寒。

飛利浦氣鍋醇湯煲（HR2210）

好煮又營養！

# 生薑甜梨湯

嚴寒冬日出外景時，冷風颼颼讓人頻頻打顫發抖，有時候店家會很熱情的煮些薑茶請我們喝。薑茶真的是很奇妙的東西，喝了之後，身體就變得好暖和，瞬間驅走寒意，留下人情。

雖然我不太喜歡薑的味道，但是這份人情味的溫度，實在令人難以抗拒。店家熱情招待的薑茶，不僅僅暖了身，更是暖了心。

我以為隨著年紀增長，也許有一天會對薑多產生一點好感，但至少到今天為止，那種苦苦辣辣的口味，再怎樣都還是很難習慣它。

相當驚奇的是，我媽竟非常喜歡吃薑！

像是煮了三杯雞，裡面加了薑片，她就會特地把薑挑出來吃，長大後才慢慢理解，有些媽媽喜歡啃魚頭或魚骨，其實是為了把好吃魚肉留給孩子們。

所以，我都誤以為媽媽只是故意把薑片挑走，把肉留給我們吃。每次都覺得媽媽真的好貼心，薑片那麼苦那麼辣，她還硬著頭皮吃了那麼久。

不過逐年的觀察下來，看來我媽好像是真的很喜歡吃薑！（笑）

因為有時候一些不需要加薑的菜餚，竟然也會出現大型薑片，例如小白菜搭配上大薑片，也是令我相當無法理解的事。

但是，不管是哪種類型的薑，我媽都能津津有味地吃光光。

看來以為她是貼心才吃薑的舉動，原來是我一直誤會了。

## ¤ 食材 / 一人份

鴨梨……2 顆
生薑……1 根
花椒……些許
白糖……些許
蜂蜜……些許

## ¤ 作法 /

**1.** 將鴨梨、生薑去皮，鴨梨切成大小一致的瓣狀備用，生薑則切成較為細薄的片狀，放入清水中熬煮，煮成薑水。

**2.** 在鴨梨中放上適量花椒，加入生薑水中一起煮，最後根據個人口味加入適量的白糖與蜂蜜，一直煮到鴨梨看起來半透明，放涼之後就可以食用了。

**By The Way**
生薑甜梨湯，讓你暖身又暖心。

# 人蔘銀耳雞蛋湯

關於保養，我現在也差不多過了能恣意揮霍本錢的年紀了。

對於真的勤於使用保養品的人來說，我只能算是「有在保養」的人，但絕對稱不上認真的。

除了表皮保養，我倒是非常推崇體內保養。充足的睡眠之外，我相信食補一定有著非常強大的功效。

因為出了第一本書《東京甜點散步手札》的關係，有此機緣認識了博思智庫出版社的蕭社長。她看來給人一種樂觀溫暖的感覺，尤其是容光煥發的好膚質，讓我非常印象深刻。

我記得非常清楚，在一次談話中，她說最近連續喝了一個月的木耳湯，膚質明顯變好，既滑潤又彈嫩，就連她老公跟著喝也效果顯著。

這個真人實例，真是大大激勵了我！所以才有人說：「白木耳是窮人的燕窩。」

回家後，立刻慫恿惠媽媽每天幫我煮白木耳甜湯，決定要來長期吃白木耳當點心，時時補充膠原蛋白。

入秋轉涼後，再加入一點人蔘和雞蛋，也有增加提神補氣的功效。不太餓的時候，還能代替正餐同時兼具保養呢！大家一起來做體內保養，由內而外透出健康神采吧。

¤ **食材** / 一人份

乾銀耳……20g
人蔘……1 根
雞蛋……1 顆
蜂蜜……適量

¤ **作法** /

**1.** 用溫水將銀耳泡軟後，撕成小塊備用。

**2.** 將雞蛋煮熟後剝殼去皮，與銀耳、人蔘一起放入砂鍋中，以文火燉煮兩小時，放涼後加入適量蜂蜜調味即可食用。

**By The Way**

人蔘銀耳雞蛋湯讓你保持年輕神采，綻放自信笑容。

膳

# 蔥棗盅

「愛自己，做閃亮的女生，有天使的靈魂，魔鬼腰身，娃娃音的笑聲，One 鎖定他是單身，Two 在他 Party 現身，Three 製造不期而遇，電滿他全身，Love 陪你聊到凌晨，Love 不玩緊迫盯人，Love 愛成真，na na na na na na……」〈sha la la la〉

當初身為唱跳少女團體「ZERO+」出道，顧名思義就是唱歌、跳舞樣樣都得會。但必須老實說，不管是唱歌、跳舞，我都是硬著頭皮在練習的，尤其是唱歌！

因為我就是那種發音位置不正確，多唱幾首歌就會喉嚨痛的人。中氣不足的聲音，也有人叫做氣虛。

以前在團體的時候，公司有安排歌唱培訓課程，教我們從正確的發音練習起，老師說正確發音的時候，肚子會呈現出力的狀態，讓聲音從丹田發出。

我記得，還問過老師：「丹田是一個器官嗎？」看來是問了一個滿蠢的問題，就別追究老師的回答了吧！

總之唱歌的時候，要一直記得讓肚子出力，然後手要指向最遠方，想像把聲音唱到手指方向的最遠處。如果要唱得大聲，不用特別出力，只要想像著把聲音再唱得更遠就可以。

那時候跟團員們一起練習唱歌，大家總是一起舉起手，指著遠方練習，彼此相視的時候，都覺得是非常幽默的畫面。

有那麼一度，我好像知道該如何正確的發音了，但是就僅僅是那個瞬間。

咳咳，現在的我，依然是那個多唱幾首歌，就會喉嚨痛的人呀。

¤ **食材** / 一人份

蔥白……100g（切段）
乾棗……80g

¤ **作法** /

**1.** 將紅棗用水泡發、蔥白切段後，洗乾淨備用。

**2.** 在鍋中加入適量的清水，放入紅棗，煮沸後過半小時再放入蔥白，用文火煮10分鐘即可起鍋。

By The Way ▷

氣很虛嗎？喝碗蓁蓁調製的蔥棗盅，今天絕對有精神！

# 糙米粥

不曉得為什麼，便秘這個症狀，通常都是女性多於男性？而且都不太輕微。

舉個例子，以前大學住在學校宿舍時，我有兩個室友，其中一個有非常嚴重的便秘問題。某天晚上，我正在自己的電腦桌前準備作業，那個室友拖著沉重步伐，從廁所躡手躡腳回到房間後說：「我上廁所上不出來，肚子有點痛！」

我皺眉問：「那很不舒服嗎？」

她用氣聲回應，臉上還留著冷汗：「好像還好，應該休息一下就會好點。」

接著大家又轉回電腦前，繼續手上的作業，直到睡前，都沒聽她再提起肚子不舒服的事，我想她應該休息一下，就好多了吧。

大家做完作業後，就早早爬到二樓的上鋪睡覺了。

半夜裡正沉睡夢鄉時，那位室友忽然爬起來，把整屋的燈打開，同時發出巨響把大家叫醒。

大家看到她一臉慘白、身體蜷曲，非常痛苦的喊著：「我肚子好痛好痛！」

她的臉、那種痛苦的畫面，直到現在都還清楚地想得起來，當下立刻攙扶著虛弱的她，前往就近的醫院急診。

醫生說，是嚴重的便秘所引起的，開了顆強力浣腸給她。過沒多久，她就活蹦亂跳的出院了。

有了這個慘痛的經驗，從此人生浣腸，就成了她的日常必備品。

便秘不是病，但痛起來真是要人命啊！

¤ **食材** / 一人份

糙米……50g
冰糖……少許

¤ **作法** /

**1.** 將米洗淨,放入鍋中小火燉爛,即可調味食用。

By The Way

每天喝一碗糙米粥,讓你擺脫便祕的糾纏。

# 生薑雞蛋茶

偶而聽到一些女性朋友說,月經來的時候,會痛到打滾,無法走出大門一步。

所幸我個人倒是沒有這樣的經驗,也許體質也是個大原因。

除了體質問題之外,應該也要歸功於小時候媽媽常常燉補食療,幫我調整體質吧!

印象中,最常喝到的補品,就是四物湯。

因為我媽是抓藥材回來慢燉熬煮,不是用什麼現成加熱的四物湯。所以煮出來的中藥味非常香醇濃厚,有時候還會不小心吃進幾根藥草。

其實,我還挺喜歡中藥的氣味,所以吃補品或是吃中藥,對我來說完全不痛苦,尤其最棒的是,吃完中藥還能夠得到一顆仙渣糖!

現在,長大外出工作的時間多了,也比較少有機會喝到媽媽燉煮的四物湯了,尤其自己在日本唸書期間,挑燈奮鬥之夜,更是想念媽媽每次為我煮的四物湯;因此,現在常常回家,都會跟媽媽吵著想喝。

如果常常有經痛困擾的人,不如試試再簡單一點的方法,只需要生薑和雞蛋,就能讓身體感到暖呼呼,也可以舒緩經痛的不適。

¤ **食材** / 一人份

生薑……2 根
紅棗……10 顆
雞蛋……3 顆
紅糖……些許

¤ **作法** /

**1.** 將生薑拍爛、紅棗去核後
拍爛,煮一鍋熱水,先加
入生薑和紅棗,待紅棗和生薑味道出來後,即
可放入 3 顆雞蛋。

**2.** 待雞蛋煮熟後,剝掉外殼,再將雞蛋放回鍋中,
沸煮半小時即可。

**3.** 起鍋後加入紅糖些許調味飲用。

**By The Way**
生薑雞蛋茶,讓妳和經痛說再見。

# 糯米翡翠粥

只要曾經獨自到外生活過的人,一定會說:「出門在外,最怕就是生病!」

記得,剛到日本唸書的季節,正是冬天的尾聲。

因為一心以為一下子就會是溫暖的春天了,完全沒有準備任何禦寒的衣服,就傻傻地飛往日本。因此,才剛到日本,立刻得了重感冒。

外國人在日本居住看病,是要完全自費的,而且非常昂貴,對於一個不富裕的遊學生來說,除非萬不得已,當然要盡量避免生病。

心想這種小感冒,服個成藥很快就會痊癒了,但這波威力強大的病毒,持續折磨了我兩、三個星期。

症狀不外乎全身無力、咳到講不出話來、鼻水流不停,吃了幾瓶LULU(日本感冒成藥,台灣人最愛買的那種),也都不見成效。

身體虛弱得像個老人似的,什麼事都不能做,最後實在痛苦到受不了,也管不了剛到日本、破日文還無法跟醫生溝通,我心想,就算跟他比手畫腳也必須跑這一趟。

然後我就穿好衣服,準備出門走到巷口的診所,跟醫生比手畫腳看病。沿路上不停複習咳嗽、流鼻水、頭痛的單字,還有「持續了兩週」這句日文,深怕醫生聽不懂我的破日文,那該怎麼辦?

我還稍微排演了一小段感冒不舒服的症狀表演,應該也能清楚表達我的情況吧。再不然,我也準備好日文老師的電話,隨時電話連線,老師也能幫忙翻譯。

一切準備妥當,沿路上不停反覆練習看醫生會發生的 NG 情況,到了診所後,門口的牌子竟無情的寫著:「本日公休!」

¤ **食材** / 一人份

蔥白……8 根（切段）
生薑……1 根
糯米……些許
紅糖……些許

¤ **作法** /

**1.** 將蔥白切段，生薑搗爛成蓉，
　 將糯米和生薑蓉煮成稀飯後，加入蔥
　 白和紅糖，待水再次煮沸，即可食用。

> **By The Way**
>
> 感冒者在食用此粥後，身體會微微發燙，建議
> 食用後多休息。

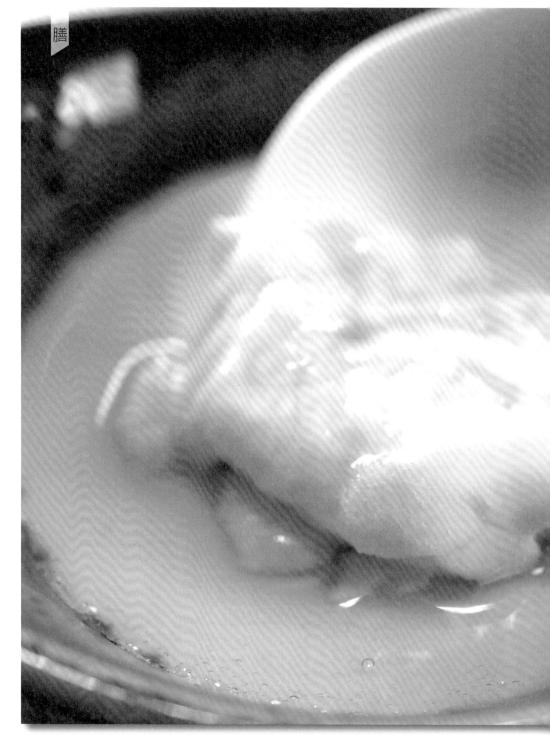

# 醋燉雞蛋

我是一個超級無敵重眠的患者。

原則上，每天最少一定要睡足八小時，才能夠好好的有精神工作。（雖然我想應該只是種心理作用）

偏偏我的工作，卻又常常不可能有充足的睡眠時間。

常常遇到拍戲或拍廣告，需要凌晨四、五點起來化妝，為了睡足我的標準時間，我會用起床時間往前推算八小時，趕緊早早入睡。

所以，偶而都會在吃完晚餐後的九點不到，就已經在床上躺平。

我還記得，有幾次爸媽在門房外，語氣擔憂地討論著：「蓁蓁怎麼都這麼早就去睡覺？是身體不舒服嗎？」

或者，有幾次朋友八、九點打電話來，我已經關機睡覺，「蓁蓁是古代人嗎？」覺得非常不可思議！

我必須承認，我的身體裡住著一個老靈魂。

不管幾歲，我都希望，永遠可以保持一個有元氣的狀態面對生活，我深深相信，睡眠不只影響精神，更是影響氣色和心情。

如果總是覺得精神不濟的話，不妨試試這道簡單的提神食補！

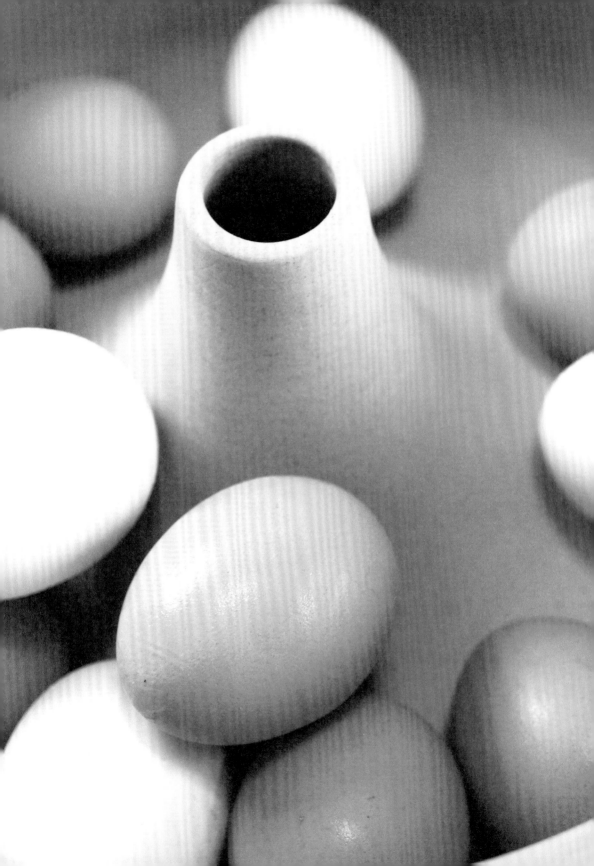

¤ **食材** / 一人份

雞蛋……1 顆
蜂蜜……些許
白醋……些許

¤ **作法** /

**1.** 將雞蛋在碗中打成蛋液，再加入白醋，然後置於蒸鍋內蒸熟即可。

**2.** 食用時，可加入蜂蜜調味。

By The Way

精神差，睡不飽？醋燉雞蛋給你滿滿活力！

# 精選好書 盡在博思

Facebook 粉絲團 facebook.com/BroadThinkTank
博思智庫官網 http://www.broadthink.com.tw/
博士健康網 | DR. HEALTH http://www.healthdoctor.com.tw/

## 世界在我家書系

**世界就在轉角，只要有心，隨時隨地都可以體驗驚奇。**

**Inspiration UK 留學大不列顛：**
人社商管領域你需要知道的事

英國文化協會 ◎ 著
范淳瑜 ◎ 編審
定價 ◎ 280 元

**享受吧！絕美旅店：**
100 大臺灣人氣旅館輕旅行

張天傑 ◎ 著
定價 ◎ 280 元

**世界在腳下：**
踩出你的人生，LULU 的
16 個夢想旅途

謝倩瑩 ◎ 著
定價 ◎ 320 元

**東京甜點散步手札：**
幸せになるデザート

許蓁蓁 ◎ 著
定價 ◎ 280 元

**私藏倫敦**
真實體驗在地漫遊

Dawn Tsai ◎ 著
定價 ◎ 350 元

**玩美旅行**
小資女 30 天圓夢趣

黃怡凡、林亞靜 ◎ 著
定價 ◎ 320 元

# 紙本之外，閱讀不斷

## 美好生活書系

幸福不需外求，懂得生活、享受生命，就能走向美好境地。

The Table 女主人的餐桌時光：
50 道美味輕食簡單做

Dawn Tsai ◎ 著
定價 ◎ 330 元

拒糖・抗老化：
Dr 張大力日本美容若返研究美學

張大力醫師 ◎ 著
定價 ◎ 280 元

長壽養生之道：
細胞分子矯正之父 20 周年鉅獻

萊納斯・鮑林博士 ◎ 著
定價 ◎ 280 元

## 預防醫學書系

預防重於治療，見微知著，讓預防醫學恢復淨化我們的身心靈。

固本：100 個中醫經典老偏方，
疾病掃光光

朱惠東 ◎ 著
陳品洋 ◎ 編審
定價 ◎ 350 元

女寶：養氣 × 美容 × 補血 ×
調經 × 求孕一次到位——
完全解決一百一十六種女性
常見經典食療

朱惠東 ◎ 著
陳品洋 ◎ 編審
定價 ◎ 350 元

荷爾蒙叛變：
人類疾病的元凶——
打擊老化 × 肥胖 × 失智
× 癌症 × 三高相關衍生
退化病變

歐忠儒 ◎ 著
定價 ◎ 280 元

HD2179 ‖晶豔紫‖

# 縮時料理，百變美味
## 飛利浦智慧萬用鍋

革新
渦輪靜排技術

× 100種
烹調設定組合
不同壓力值
&
可調整烹調時間

智慧6省，聰明首選

省空間　省電　省時　省腦　省事　省錢

創新，為你

 MYKITCHEN
健康新廚法

 PHILIPS

# 一個人開伙
## ／幸福推薦

**晶豔紫 驚豔絕色美味**

### 1 百變料理不設限
【100種烹調設定組合】

### 2 獨特無水烹調 不加水,也不加油
【鎖住新鮮營養,健康加分】

### 3 縮時美味不等待
【革新渦輪靜排技術】

快速上菜
無需等候降壓

100°C

### 原創概念
**智慧 x 萬用**

**一鍋抵多鍋** 將快鍋、燜燒鍋、電子鍋多種功能,通通集合在一鍋!

= 平底鍋 + 快鍋 + 燜燒鍋 + 電子鍋 + 壓力鍋

**省時高效率** 輕鬆掌控,時間規劃!

煮飯 **快**於 電子鍋

蒸煮燉滷 **快**於 電鍋

### 4 小宅私房菜 DIY好簡單

**麻油雞糯米飯**
*20kpa 米飯*

**南洋肉骨茶**
*40kpa 煲湯*

**香辣雞翅**
*無水烹調 烤雞*

**紅棗紫米粥**
*30kpa 煮粥*

國家圖書館出版品預行編目 (CIP) 資料

小宅餐桌：一個人開伙也幸福 / 許蓁蓁作 .— 第一版 .— 臺北市：
博思智庫 , 民 104.12　面；公分
ISBN 978-986-92241-2-3 ( 平裝 )
1. 飲食 2. 食譜 3. 文集
427.07　　　　　　　　　　　　　　　104024498

美好生活 | 18

# 小宅餐桌：一個人開伙也幸福

作　　者 | 許蓁蓁
攝　　影 | 許蓁蓁
美味協力 | 張燕雪、偉恩
美味贊助 | 台灣飛利浦股份有限公司
執行編輯 | 吳翔逸
專案編輯 | 廖陽錦
文字校對 | 張　瑄
美術編輯 | 蔡雅芬
行銷策劃 | 李依芳

發 行 人 | 黃輝煌
社　　長 | 蕭艷秋
財務顧問 | 蕭聰傑
出 版 者 | 博思智庫股份有限公司
地　　址 | 104 台北市中山區松江路 206 號 14 樓之 4
電　　話 | (02)25623277
傳　　眞 | (02)25632892

總 代 理 | 聯合發行股份有限公司
電　　話 | (02)29178022
傳　　眞 | (02)29156275

印　　製 | 永光彩色印刷股份有限公司
定　　價 | 320 元
第一版第一刷　中華民國 104 年 12 月

ISBN 978-986-92241-2-3
©2015 Broad Think Tank Print in Taiwan
部分照片由台灣飛利浦股份有限公司提供

博思智庫股份有限公司
博思智庫粉絲團　　Facebook.com/broadthinktank